“十三五”高等学校规划教材

数据结构实验指导

（基于 Java、C++和 C 语言）

陶　骏　霍清华　主　编

余婉风　李　骏　副主编

中国铁道出版社有限公司

CHINA RAILWAY PUBLISHING HOUSE CO., LTD.

内 容 简 介

本书共包括16个数据结构实验，内容涵盖线性表、栈、队列、树、图、查询和排序，理论联系实际、深入浅出地给出了详细的解题思路；在强调基本理论的基础上，运用大量的实例来阐明数据结构与算法的应用，力求做到知识性、实用性和综合性的有机结合。通过本书的学习，读者能灵活掌握书中内容并达到举一反三的效果。

本书适合作为高等学校计算机相关专业数据结构与算法课程的上机实验指导教材，也可以作为计算机相关专业自学考试、研究生入学考试、计算机等级考试（二级）和计算机技术与软件专业技术资格考试的考试辅导用书。

图书在版编目（CIP）数据

数据结构实验指导：基于 Java、C++和 C 语言/陶骏，霍清华主编. —
北京：中国铁道出版社有限公司，2020.1（2024.7 重印）
“十三五”高等学校规划教材
ISBN 978-7-113-26486-4

Ⅰ.①数… Ⅱ.①陶… ②霍… Ⅲ.①数据结构－高等学校－教学参考资料②JAVA 语言－程序设计－高等学校－教学参考资料③C 语言－程序设计－高等学校－教学参考资料 Ⅳ.①TP311.12②TP312.8

中国版本图书馆 CIP 数据核字（2019）第 301821 号

书　　名：数据结构实验指导（基于 Java、C++和 C 语言）
作　　者：陶　骏　霍清华

策　　划：翟玉峰　刘梦珂　　　　**编辑部电话：**（010）51873135
责任编辑：翟玉峰　彭立辉
封面设计：刘　颖
责任校对：张玉华
责任印制：樊启鹏

出版发行：中国铁道出版社有限公司（100054，北京市西城区右安门西街 8 号）
网　　址：https:// www.tdpress.com/51eds/
印　　刷：三河市宏盛印务有限公司
版　　次：2020 年 1 月第 1 版　　2024 年 7 月第 5 次印刷
开　　本：787mm×1092mm　1/16　**印张：**11　**字数：**268 千
书　　号：ISBN 978-7-113-26486-4
定　　价：29.80 元

FOREWORD

序

数据结构研究如何让计算机高效地存储和组织各种类型的数据，从而提升算法的效率，是一门非常重要的计算机专业基础课。学好数据结构可以为今后从事计算机科学研究或工程实践打下坚实的基础。学习数据结构，不仅需要理解书本知识，更需要上机编程动手实践，才能融会贯通。

本书根据数据结构课程的教学大纲，有针对性地设计数据结构的编程实验。主要特点如下：

第一，设计的实验由浅入深，每个实验都分基本实验内容和思考题，读者在完成基本实验内容的前提下，可以对思考题进行深入分析，进行分析时不要急着编写代码，建议用笔写出自己的思路后再进行编码调试，这样有助于提高自身的思考和分析能力。

第二，本书提供设计良好的实验程序框架，读者可以专心地进行算法设计。代码有 Java、C++和 C 三种语言的实现，希望能够满足读者的实际需要。数据结构最重要的是编程思想，建议在掌握编程思想之后再选择自己熟悉的编程语言实现。

第三，每个实验都提供了大量的图表，在一定程度上降低了学习数据结构的难度，读者可以形象和直观地进行数据结构实验。学生可以选择一个简单的例子，代入到程序之中，然后逐步地去执行，执行时密切观察相关数据结构对应的图表变化，这样可以增强自己形象化的认识。

第四，每个实验都有较好的拓展性，例如，读者在完成了二叉树的遍历实验之后，可自行设计和实现求解二叉树高度和二叉树叶子结点等相关算法。

最后，对读者运用本书学习和实践数据结构提出两个建议：首先，要勤于动手。实验也许看上去简单，但是代码编写和调试时肯定会遇到很多问题。通过解决这些具体问题，读者不仅可学习到理论知识，而且能提高动手能力。其次，“学而不思则罔”，要勤于思考，多培养“悟”的能力，要学会利用学到的数据结构知识解决计算机学科中的实际问题。

微软亚洲研究院　林昊翔

2019 年 10 月于北京

PREFACE

前 言

“数据结构”是计算机及相关专业的一门重要的专业基础课程，也是计算机专业一门必修的核心课程。在计算机科学、网络工程、大数据、人工智能和通信工程等领域，都会运用到数据结构的知识和方法，而且“数据结构”是大多数高等学校计算机专业研究生入学考试的必考科目，也是软件和电信企业入职考试的常考科目，所以学好这门课非常重要。

由于数据结构的原理和算法比较抽象，熟悉和掌握其相关的原理就比较困难，把数据结构的理论转化为实践的最简捷的方式就是进行上机编程实验，上机编程实验是理解原理的最佳途径。为了帮助读者更好地学习数据结构课程，编者根据多年的教学实践，收集和整理相关的材料后编写了本书。希望通过上机编程实验，读者能加强对数据结构理论的理解，能够举一反三地运用数据结构的知识分析和解决实际问题。

本书根据数据结构课程的培养方案，有针对性地设计了16个数据结构实验，每个实验都给出了程序项目的框架和部分源代码，避免了读者把大量的时间花费在琐碎的代码输入中，读者只需要设计核心的算法代码即可。每个实验都包括实验目的、实验环境、实验准备、实验要求、实验分析、代码实现和思考题这几部分，所有程序都可在Eclipse 4.9和Visual Studio 2010或2015环境下编译执行。通过这些实验，读者能够运用数据结构的知识去解决现实世界的一些实际问题。

本书适合作为高等学校计算机相关专业数据结构与算法课程的上机实验指导教材，也可以作为计算机相关专业自学考试、研究生入学考试、计算机等级考试（二级）和计算机技术与软件专业技术资格考试的考试辅导用书。

本书由陶骏、霍清华任主编，余婉风、李骏任副主编，周鸣争、张云玲和伍岳参与编写，全书由陶骏和霍清华负责统稿、定稿。其中：陶骏编写了实验10、实验11和实验16，霍清华编写了实验12、实验14和实验15，余婉风编写了实验1和实验2，李骏编写了实验3和实验4，周鸣争编写了实验5和实验6，张云玲编写了实验7和实验8，伍岳编写了实验9和实验13。在本书的编写过程中，得到了安徽信息工程学院计算机与软件工程学院、人工智能与大数据学院相关老师的大力协助，2016 级本科生赵慧慧、2017 级本科生杜敏和 2018 级本科生侯逸飞、应沈静同学对全部实验的代码做了验证查错，在此深表感谢。另外，本书得到 2019 芜湖市科技项目“基于北斗的 ADS-B 网络系统研制”（基金号：2019yf49）和安徽信息工程学院核心专业课程建设项目“数据结构与算法”（基金号：2018xjkcjs02）的资金资助。

由于时间仓促，编者水平有限，书中难免存在疏漏与不妥之处，恳请同行和读者批评指正。本书编者电子邮箱：1052537573@qq.com。实验代码分成学生和教师两部分，可以从中国铁道出版社有限公司的网站 http://www.tdpress.com/51eds/下载。

编　者

2019 年 8 月于安徽省芜湖市

CONTENTS

目录

实验 1　顺序表插入

实验目的

（1）熟悉顺序表，掌握顺序表的基本概念。

（2）熟悉顺序表的插入基本操作。

（3）掌握在顺序表中插入一个或多个元素。

实验环境

硬件环境：通常的 PC、内存 4 GB 及以上，硬盘空闲空间 8 GB 及以上。

软件环境：Windows 系列操作系统、Eclipse（Editplus）、Visual Studio 2010 或者 Visual Studio 2015（简称 VS 2010 或者 VS 2015）。

实验准备

1.顺序表定义

顺序表是在计算机内存中以数组的形式保存的线性表。线性表的顺序存储是指用一系列地址连续的存储单元依次存储线性表中的各个元素，使得线性表中在逻辑结构上相邻的数据元素存储在相邻的物理存储单元中，即通过数据元素物理存储的相邻关系来反映数据元素之间逻辑上的相邻关系。采用顺序存储结构的线性表通常称为顺序表。顺序表是将表中的结点依次存放在计算机内存中一系列地址连续的存储单元中，即表中各元素的逻辑存储和物理存储都是连续的。

图 1-1 所示为一个有 4 个整型数据元素的顺序表。

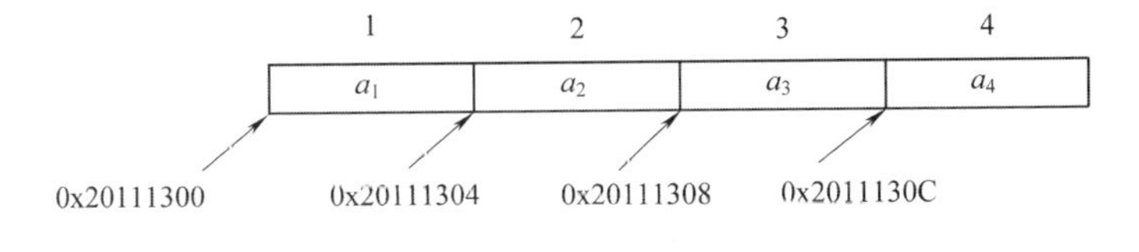

图 1-1　顺序表一

这 4 个数据元素分别为 a_1、a_2、a_3 和 a_4，它们对应的逻辑序号是 1、2、3、4，这明显是连续的。假设操作系统为 a_1 分配的存储起始地址为 0x20111300，因为 a_1 是整型数据元素，所以它将占有 4 字节的存储空间（0x20111300、0x20111301、0x20111302、0x20111303），则 a_2 的存储起始地址为 0x20111304，同理 a_3 的存储起始地址为 0x20111308，a_4 的存储起始地址为 0x2011130C，这 4 个数据元素的物理存储地址也是连续的。

2.顺序表的建立

要在顺序表中进行操作，就必须先建立顺序表。顺序表是一种逻辑的数据结构，建立在数组的基础之上，其另一个要素为顺序表长度，如图 1–2 所示。

对于顺序表 R，其长度为 4，表示顺序表 R 有 4 个元素，为数组 a 的前 4 个元素 a[0]、a[1]、a[2]、a[3]，此时数组的另 2 个元素 a[4]、a[5]就不属于顺序表 R 了。可以这样认为：顺序表是通过一定的逻辑规则构造的数据结构，其在物理上是并不存在的。

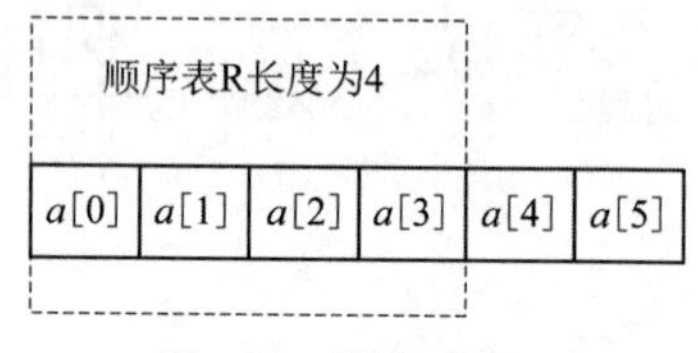

图 1–2　顺序表二

实验要求

在一个长度为 n+1 的顺序表的第 k 个位置之后，连续插入 m 个 x，插入后顺序表的长度变成了 n+m，具体如图 1–3 所示。

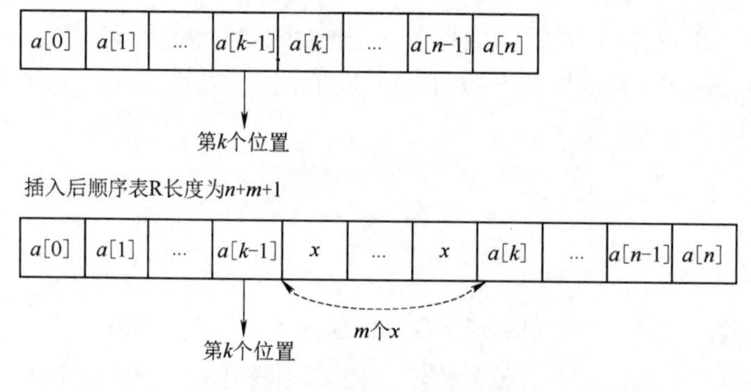

图 1–3　顺序表的插入

请写出上述过程的算法。

实验分析

先实现插入一个元素 x，当长度为 n+1 的顺序表在第 k 个位置之后插入一个元素 x 时，需要先把第 k 个位置之后的元素整体向后移动一位，再把第 k+1 个元素的值设为 x 即可，此时顺序表的长度变成了 n+2，具体操作如图 1–4 所示。

很明显第 k 个元素之后有 n–k+1 个元素，这 n–k+1 个元素的整体后移一位需要利用循环实现。需要注意的是循环要从最后一个元素开始移动，直到第 k+1 个元素为止；如果从第 k+1 个元素开始移动，到第 n+1 个元素为止，这样就会产生错误，具体如图 1–5 所示。

在顺序表的第 k 个位置插入 m 个 x，只要把上述插入 1 个 x 的过程执行 m 次即可，所以考虑先实现插入一个 x 的过程，然后再循环执行 m 次此过程，具体如图 1–6 所示。

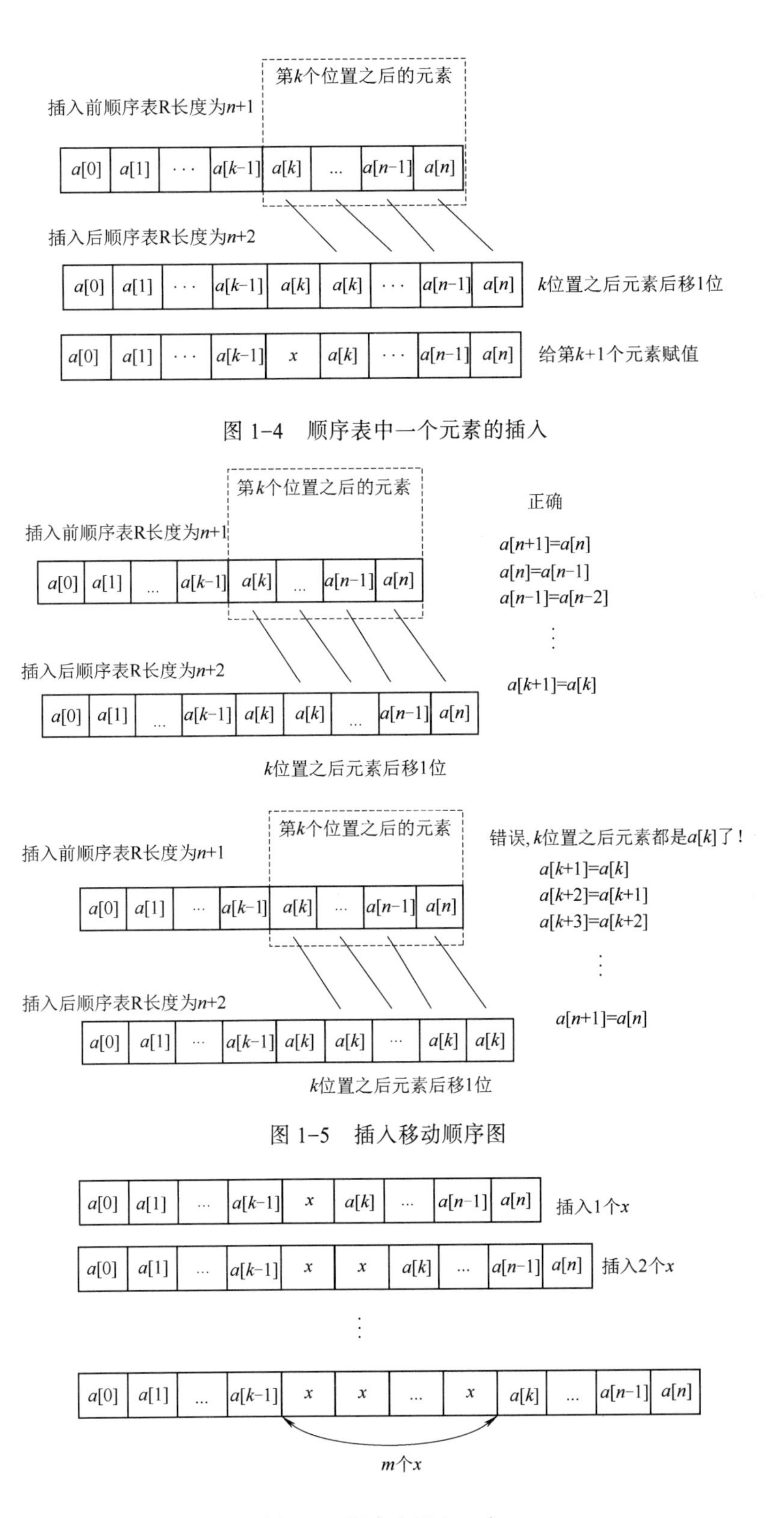

图 1-5　插入移动顺序图

图 1-6　顺序表插入 m 个 x

1.Java 语言实现

本书的 Java 代码实现采取的是 Eclipse 4.9+JDK 1.8，插入算法的实现过程如下：

（1）在 Eclipse 建立一个 Java 工程，具体如图 1-7 所示，工程名称为 001。

（2）在新建的工程里新建两个类 Cseq 和 seq001，具体如图 1-8 所示。

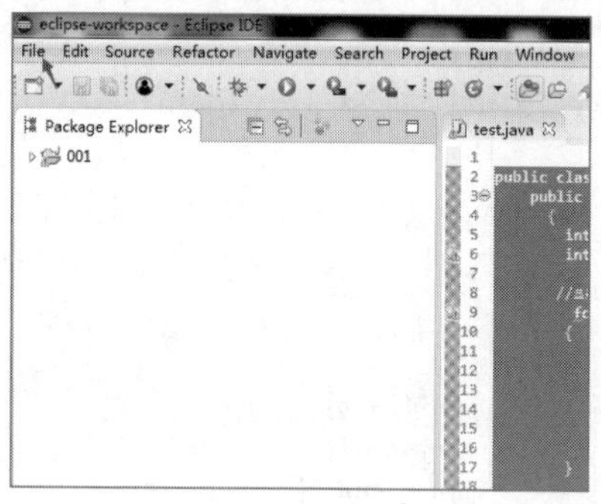

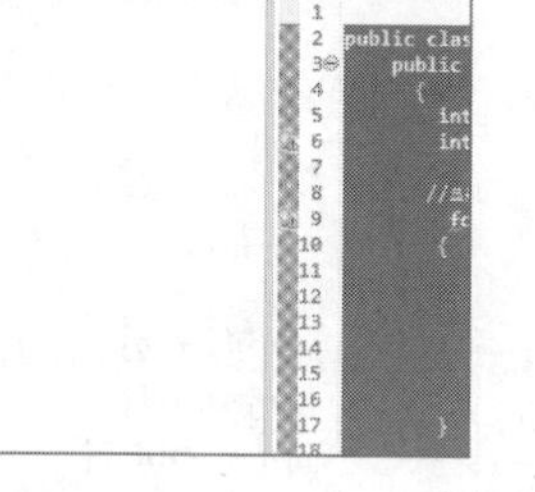

图 1-7　新建 Java 工程 001

图 1-8　新建两个类

类 Cseq 是实现顺序表操作的类，其对应的代码如下：

```
public class Cseq {
  int elem[];                          //构成顺序表的数组
  int length;                          //顺序表的长度（元素个数）

  Cseq()                               //构造函数
  {
     elem=new int[100];                //数组长度为 100
     length=10;                        //顺序表的初始长度为 10
  }

  void display()                       //遍历顺序表函数
  {
      for(int i=0;i<length;i++)
      {
          System.out.print(elem[i]+" ");
      }
      System.out.println();            //换行
  }

  void insert(int x,int k) throws Exception //在第 k 个位置之后插入 x
  {
     if(k>length||k<0)                 //判断错误位置
         throw new Exception("位置错误");

     for(int i=length-1;i>=k;i--)      //k 位置之后的元素整体后移一位
         elem[i+1]=elem[i];
```

```
        elem[k]=x;                              //给 k+1 位置的元素赋值

        length++;                               //顺序表的长度加 1
    }

    //在 k 位置之后插入 m 个 x
    void insert(int x,int k,int m) throws Exception
    {
        // 实验课需要完成的代码
    }
}
```

类 seq001 是实现主函数的类，其对应代码为：

```
public class seq001 {
    public static void main(String args[ ]) throws Exception
    {
        Cseq A=new Cseq();                       //生成一个顺序表

        for(int i=0;i<A.length;i++)              //对顺序表进行初始化
        {
          A.elem[i]=i;
        }

        A.insert(100,3);                         //在顺序表第 3 个位置之后插入 100
        A.insert(200,4,5);                       //在顺序表第 4 个位置之后连续插入 5 个 200
        A.display();
    }
}
```

程序执行的结果如图 1–9 所示。

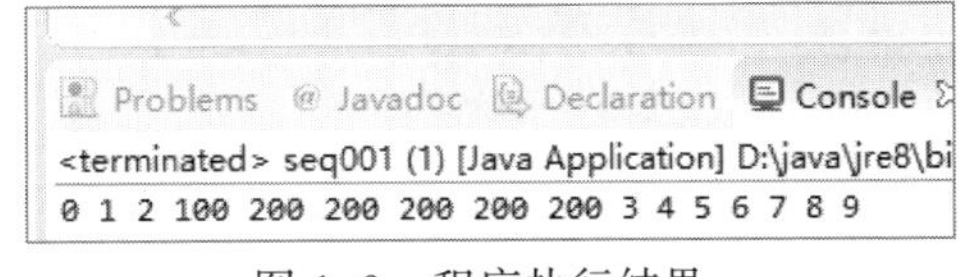

图 1–9　程序执行结果

顺序表初始化后为：0、1、2、3、4、5、6、7、8、9；当执行 A.insert（100,3）完毕后，在顺序表第 3 个位置之后插入 100，对应的顺序表为：0、1、2、100、3、4、5、6、7、8、9，顺序表长变成了 11；当执行 A.insert（200,4,5）完毕后，在顺序表第 4 个位置之后连续插入 5 个 200，对应的顺序表为：0、1、2、100、200、200、200、200、200、3、4、5、6、7、8、9，顺序表长变成了 16。

2.C++语言实现

本书的 C++代码实现采取的是 VS 2010 或者 VS 2015，插入算法的实现过程如下：

（1）在 VS 2010（2015）建立一个空工程，如图 1–10 所示。

（2）在新建的工程中新建 seq.h 和 main.cpp 文件。seq.h 是关于顺序表类的定义，main.cpp 是主函数入口，具体如图 1–11 所示。

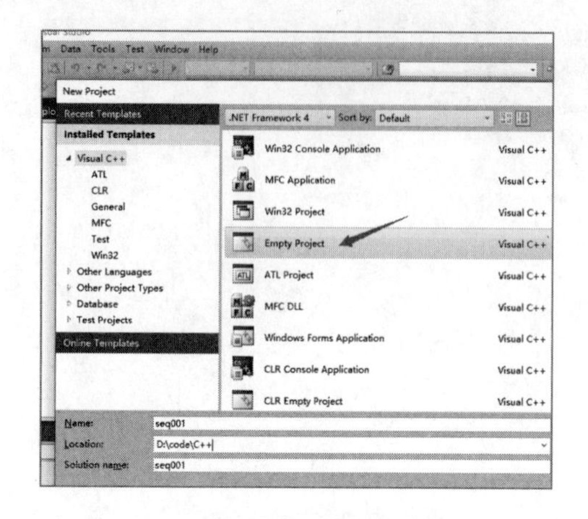

图 1-10 新建空工程

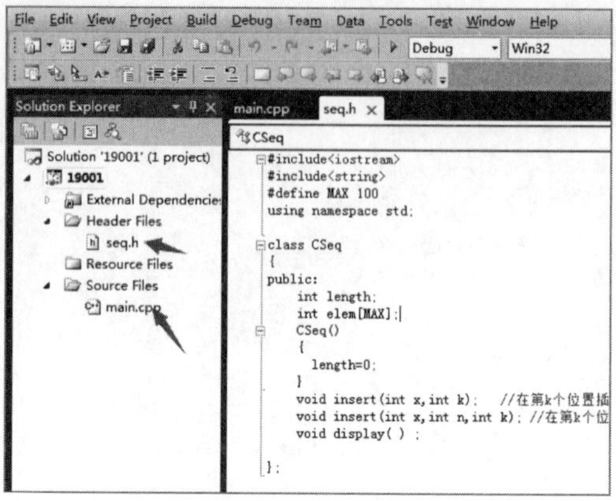

图 1-11 新建两个文件

（3）输入 seq.h 和 main.cpp 代码。

seq.h 代码如下：

```
#include <iostream>
#define MAX 100                          //定义宏 MAX，顺序表的数组成员的最大长度
using namespace std;

class CSeq
{
public:
    int length;                          //顺序表的长度
    int elem[MAX];                       //顺序表的数组成员
    CSeq()
    {
        length=0;                        //顺序表初始长度为 0
        for(int i=0;i<10;i++)//顺序表数组初始化为{0, 1, 2, 3, 4, 5, 6, 7, 8, 9}长度为 10
        {
            elem[i]=i;
            length++;
        }
    }
    void insert(int x,int k);            //在第 k 个位置之后插入 x
    void insert(int x,int n,int k);      //在第 k 个位置之后插入连续 n 个 x
    void display( );                     //显示函数，显示顺序表中的每一个值
};

void CSeq::display()
{
    for(int i=0;i<length;i++)
      cout<<elem[i]<<" ";
 }

 void CSeq::insert(int x,int k)          //在第 k 个位置之后插入 x
 {
```

```
    if(k<0||k>length)
    {
      cout<<"位置不合法！";
      return;
    }

    for(int i=length-1;i>=k;i--)      //向后移动元素
      elem[i+1]=elem[i];

      elem[k]=x;                      //给第 k+1 个元素赋值
      length++;                       //顺序表长度加 1
}

void CSeq::insert(int x,int n,int k)  //在第 k 个位置之后插入连续 n 个 x
{
    // 实验课需要完成的代码
}
```

main.cpp 代码如下：

```
#include "seq.h"            //使用定义顺序表类的头文件
#include <process.h>        //使用系统库文件，目的是暂停一下，看到程序执行结果

int main()
{
    CSeq *A;                //定义一个指向关于 CSeq 对象的指针
    A=new CSeq();           //new()函数为 A 分配存储空间
    A->insert(100,3);       //在第 3 个元素之后插入 100
    A->insert(200,5,3);     //在第 3 个元素之后连续插入 5 个 200
    A->display();

    system("pause");        //程序暂停查看运行结果
    return(0);
}
```

程序运行结果为图 1-12 所示。

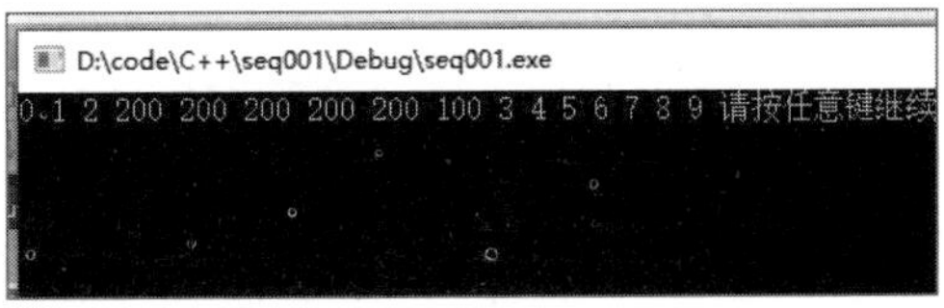

图 1-12　VS 2010 中运行结果

顺序表初始化后为：0、1、2、3、4、5、6、7、8、9；当执行 A→insert（100，3）完毕后，在顺序表第 3 个位置之后插入 100，对应的顺序表为：0、1、2、100、3、4、5、6、7、8、9，顺序表长变成了 11；当执行 A→insert（200，5，3）完毕后，在顺序表的第 3 个位置之后连续插入 5 个 200，对应的顺序表为：0、1、2、200、200、200、200、200、100、3、4、5、6、7、8、9，顺序表长变成了 16。

3.C 语言实现

本书的 C 代码实现采用的是 VS 2010 或者 VS 2015，插入算法的实现过程如下：

（1）在 VS 2010（2015）建立一个空工程，如图 1-13 所示。

（2）在新建的工程中新建 main.cpp 文件，main.cpp 是主函数入口，具体如图 1-14 所示。

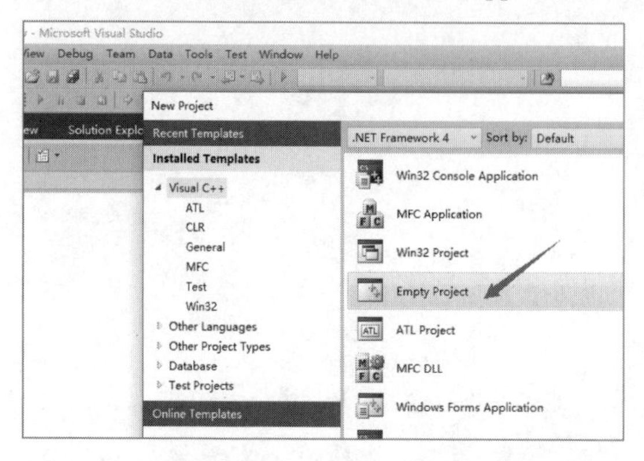

图 1-13　新建空工程

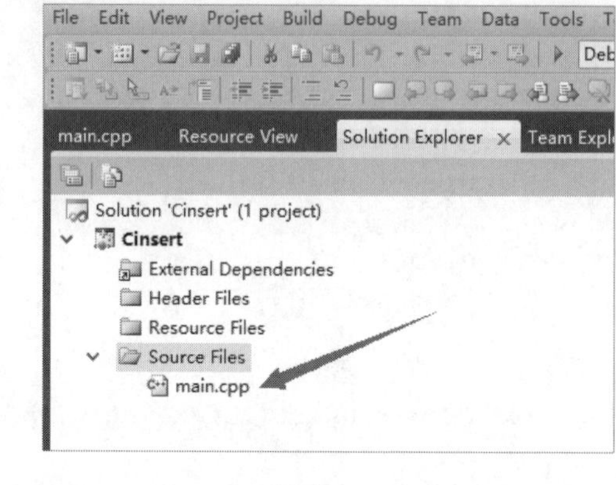

图 1-14　新建 main.cpp 文件

（3）输入 main.cpp 代码。

main.cpp 对应的代码如下：

```
#include <stdio.h>              //调用基本输入/输出库文件
#include <stdlib.h>             //调用标准库头文件，malloc()函数定义在这个头文件内
#include <process.h>            //使用系统库文件，目的是暂停一下，看到程序执行结果

#define MAX 100                 //MAX 是构成顺序表的数组最大长度

typedef struct Seq              //顺序表通过一个结构体实现
{
    int elem[MAX];              //数组
    int length;                 //顺序表的长度
} RSeq;

RSeq init()                     //生成一个顺序表
{
    RSeq *Rl;                   //结构体需要分配内存，这里使用指针
    Rl=(struct Seq *)malloc(sizeof(struct Seq));     //为顺序表分配内存
    Rl->length=0;               //顺序表的初始化长度为 0.
    for(int i=0;i<10;i++)       //顺序表数组初始化为{0,1,2,3,4,5,6,7,8,9}
    {
        Rl->elem[i]=i;
        Rl->length++;
    }
    return(*Rl);                //函数返回值是一个结构体
}

void display(RSeq Rll)          //显示顺序表中所有的值
{
    int LL=Rll.length;
    for(int i=0;i< LL;i++)
```

```
    {
        printf("%4d",Rll.elem[i]);
        Rll.length++;
    }
    printf("\n");
}

void insert(RSeq *L,int k,int x)     //在第 k 个位置之后插入 x
{
    if(k<0||k>L->length)
    {
        printf("位置不合法! ");
        return;
    }

    for(int i=L->length-1;i>=k;i--) //向后移动元素
    L->elem[i+1]=L->elem[i];

    L->elem[k]=x;                    //给第 k+1 个元素赋值
    L->length++;                     //顺序表长度加 1
}

void addinsert(RSeq *L,int k,int n, int x)  //在第 k 个位置之后插入 n 个 x
{
 // 实验课需要完成的代码
}

void main()
{
    RSeq A;                          //定义一个顺序表 A
    A=init();                        //生成顺序表 A
    insert(&A,3,100);                //在顺序表 A 的第 3 个位置之后插入 100
    addinsert(&A,3,5,200);           //在顺序表 A 的第 3 个位置之后连续插入 5 个 200
    display(A);                      //显示顺序表 A 中的所有元素
    system("pause");                 //程序结束之前暂停一下，以便于观察结果
}
```

程序执行结果如图 1-15 所示。

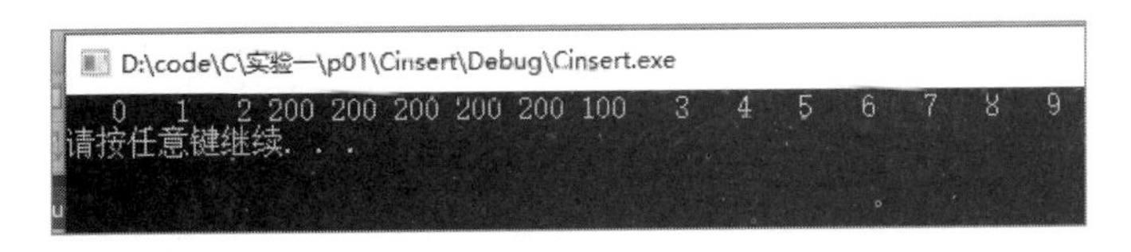

图 1-15　VS 2010 中运行结果

顺序表初始化后为：0、1、2、3、4、5、6、7、8、9；当执行 insert(&A,3,100)完毕后，在顺序表第 3 个位置之后插入 100，对应的顺序表为：0、1、2、100、3、4、5、6、7、8、9，顺序表

长变成了 11；当执行 addinsert(&A,3,5,200)完毕后，在顺序表第 3 个位置之后连续插入 5 个 200，对应的顺序表为：0、1、2、200、200、200、200、200、100、3、4、5、6、7、8、9，顺序表长变成了 16。

思 考 题

在一个长度为 $n+1$ 的顺序表中，删除所有元素值等于 x 的数据元素，如图 1-16 所示。

删除前顺序表R长度为8

8	11	11	5	7	11	8	11

删除所有值等于11的元素，删除后长度为4

8	5	7	8

图 1-16 删除所有元素值等于 x 的数据元素

提示：可以先实现删除一个元素 x 的函数，对应示意图如图 1-17 所示。

假设此时通过查询确定 $a[k-1]=x$，需要删除 $a[k-1]$

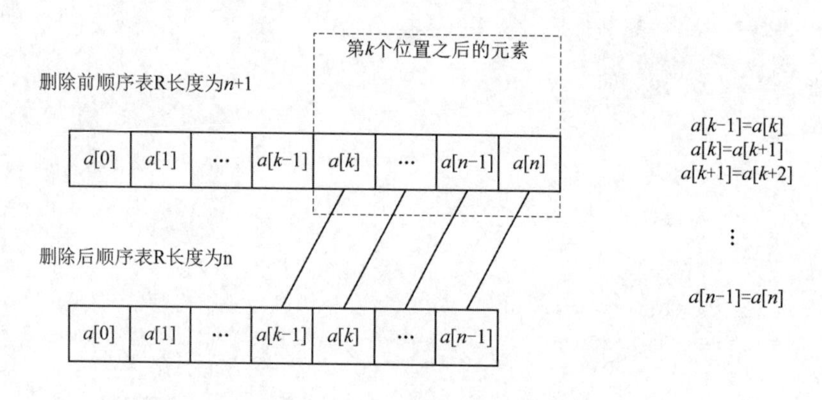

第k位置之后元素前移1位

图 1-17 删除一个元素 x

输出 n 个 x 的过程为：先确定所有 x 的位置，再调用删除一个 x 的函数 n 次即可。

实验 2　顺序表合并

实验目的

（1）熟悉顺序表，掌握顺序表的基本概念。

（2）熟悉顺序表的合并基本操作。

（3）掌握两个有序顺序表的合并算法。

实验环境

硬件环境：通常的 PC、内存 4 GB 及以上，硬盘空闲空间 8 GB 及以上。

软件环境：Windows 系列操作系统、Eclipse（Editplus）、VS 2010 或者 VS 2015。

实验准备

1.顺序表合并的概念

顺序表合并指把多个顺序表合并成一个顺序表，一般而言，合并前的多个顺序表是有序的，合并后的顺序表也要是有序的，如图 2-1 所示。

合并前的顺序表 LA 和 LB 都是升序的，合并后得到的顺序表 LC 也是升序的。

顺序表LA，表长为6

6	11	19	23	55	89

顺序表LB，表长为4

4	40	70	100

LA和LB合并后顺序表LC，表长为10

4	6	11	19	23	40	55	70	89	100

图 2-1　顺序表合并示意图

2.顺序表的建立

因为要对顺序表进行合并，在不破坏原有顺序表的条件下，至少需要建立 3 个顺序表。合并前需要有 2 个顺序表，并完成其有序的初始化赋值。因为合并前的 2 个顺序表需要合并成 1 个顺序表，所以还要建立 1 个空的顺序表。

实验要求

把已经存在的 2 个顺序表 LA（升序）：a_1，a_2，…，a_n和 LB：b_1，b_2，…，b_m合并成 1 个有序的顺序表 LC（升序）。

实验分析

分别取合并前的顺序表 LA 的第 1 个元素 a_1 和 LB 的第 1 个元素 b_1 进行比较，如果 $a_1<=b_1$，则把 a_1 插入到顺序表 LC 的最后 1 个元素后面，否则把 b_1 插入到顺序表 LC 的最后 1 个元素后面。

如果 LC 第 1 次加入的是 a_1，取顺序表 LA 的第 2 个元素 a_2 和 b_1 进行比较，如果 $a_2<=b_1$，则把 a_2 插入到顺序表 LC 的最后 1 个元素后面，否则把 b_1 插入到顺序表 LC 的最后 1 个元素后面。

如果 LC 第 1 次加入的是 b_1，取顺序表 LB 的第 2 个元素 b_2 和 a_1 进行比较，如果 $a_1<=b_2$，则把 a_1 插入到顺序表 LC 的最后 1 个元素后面，否则把 b_2 插入到顺序表 LC 的最后 1 个元素后面。

按照上述的顺序依次进行，直到有 1 个顺序表的元素都加入了 LC，此时把另一个非空顺序表中的剩余元素都按顺序插入到顺序表 LC 的最后 1 个元素后面。

LA 和 LB 的元素都加入到 LC 后，整个插入过程结束，详细过程如图 2-2 所示。

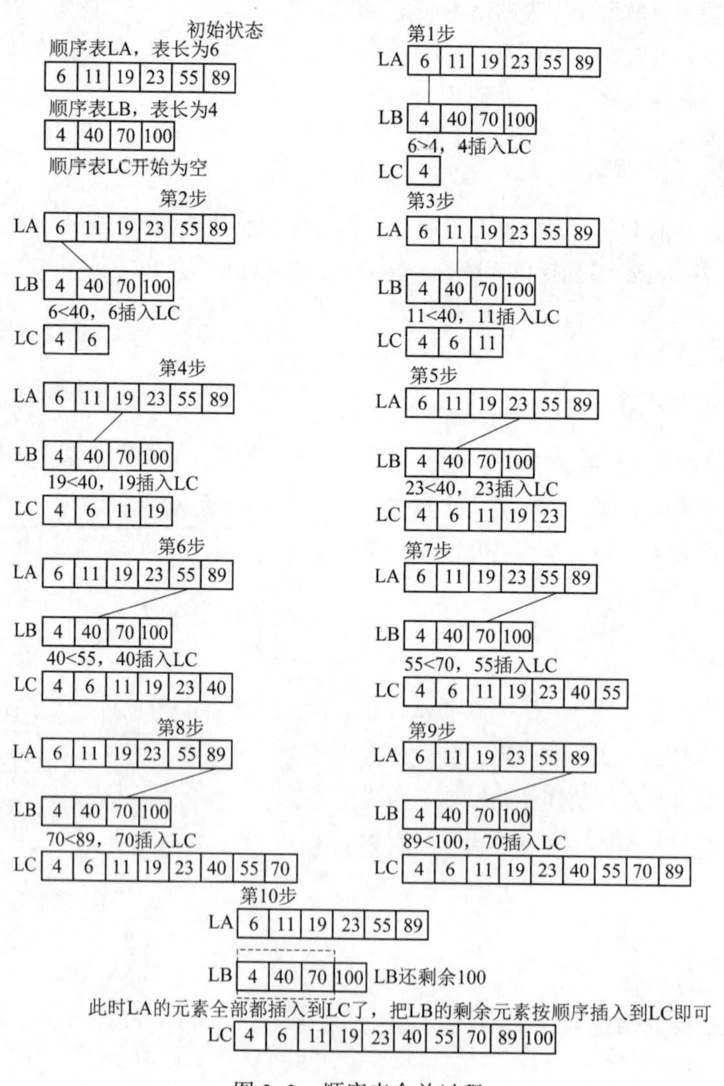

图 2-2 顺序表合并过程

1.Java 语言实现

采用 Java 代码的实现过程如下：

（1）在 Eclipse 建立一个 Java 工程，具体如图 2-3 所示，工程名称为 001。

（2）在新建的工程里新建 3 个类 Cseq、seq001 和 Cseqmerge，具体如图 2-4 所示。

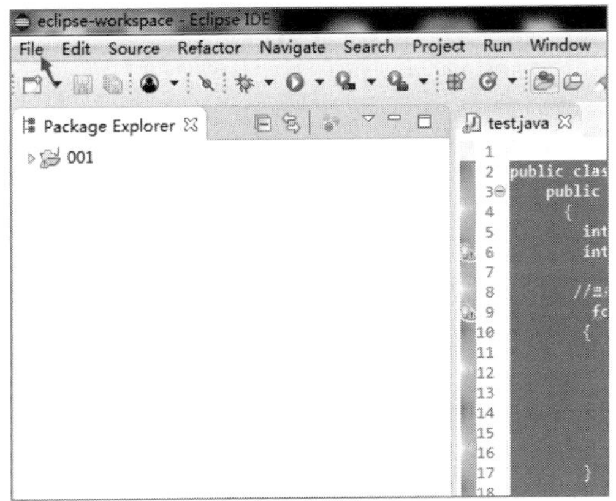

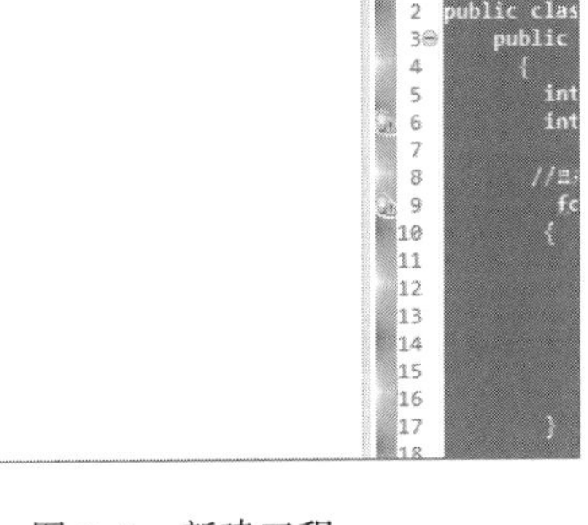

图 2-3　新建工程

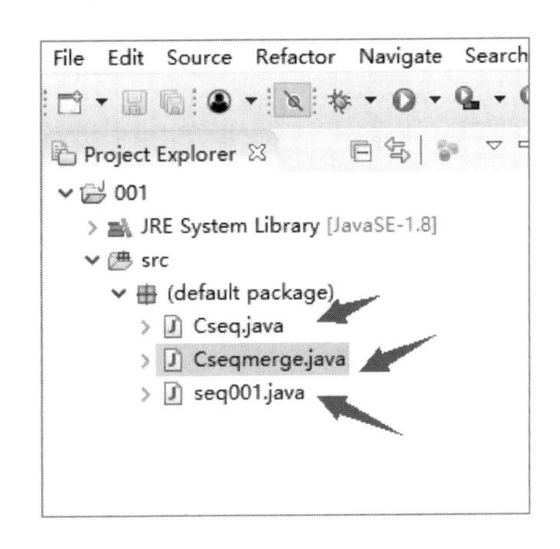

图 2-4　新建三个类

Cseq 是实现顺序表的类，具体代码如下：

```
public class Cseq {
int elem[];                    //成员变量
  int length;
  Cseq()                       //构造函数
  {
     elem=new int[100];
     length=0;
  }

  void display()               //显示顺序表的每一个元素
  {
     for(int i=0;i<length;i++)
     {
        System.out.print(elem[i]+" ");
     }
     System.out.println();
  }

  void insert(int x,int k) throws Exception  //在第 k 个位置之后插入 x
  {
     if(k>length||k<0)
        throw new Exception("位置错误");

     for(int i=length-1;i>=k;i--)
```

```
            elem[i+1]=elem[i];

        elem[k]=x;
        length++;
    }
}
```

Cseqmerge 类是实现顺序表合并的类，具体代码如下：

```
public class Cseqmerge
{
    Cseq LA,LB,LC;                          //定义三个顺序表

    Cseqmerge()                             //构造函数
    {
    }

     void merge() throws Exception          //顺序表合并函数
     {
        int i=0;                            //顺序表 LA 的位置
        int j=0;                            //顺序表 LB 的位置

        Cseq LA=new Cseq();                 //顺序表 LA 初始化，其有 6 个元素
        LA.length=6;
        LA.elem[0]=6; LA.elem[1]=11; LA.elem[2]=19; LA.elem[3]=23;
     LA.elem[4]=55; LA.elem[5]=89;

        Cseq LB=new Cseq();                 //顺序表 LB 初始化，其有 4 个元素
        LB.length=4;
        LB.elem[0]=4; LB.elem[1]=40; LB.elem[2]=70; LB.elem[3]=100;

        Cseq LC=new Cseq();                 //顺序表 LC 初始化，其初始为空

        //需要补充此段代码（将 LA 和 LB 合并成 LC）

        LC.display();                       //显示顺序表 LC 的每一个元素
     }
}
```

类 seq001 是主函数入口，其对应代码如下：

```
public class seq001 {
    public static void main(String args[ ]) throws Exception
    {
       Cseqmerge BB=new Cseqmerge();        //生成一个 Cseqmerge 类
       BB.merge();                          //进行顺序表合并
    }
}
```

程序运行结果如图 2-5 所示。

很明显，此时顺序表 LC 包含 LA 和 LB 的所有元素，并且是升序的。

Problems　@ Javadoc　Declaration
<terminated> seq001 (1) [Java Application] D:\j
4 6 11 19 23 40 55 70 89 100

图 2-5　Java 运行结果

2.C++语言实现

采用 C++代码实现顺序表合并算法的过程如下：

（1）在 VS 2010（2015）建立一个空工程，如图 2-6 所示。

（2）在新建的工程中新建 Cseq.h 和 main.cpp 文件，结果如图 2-7 所示。

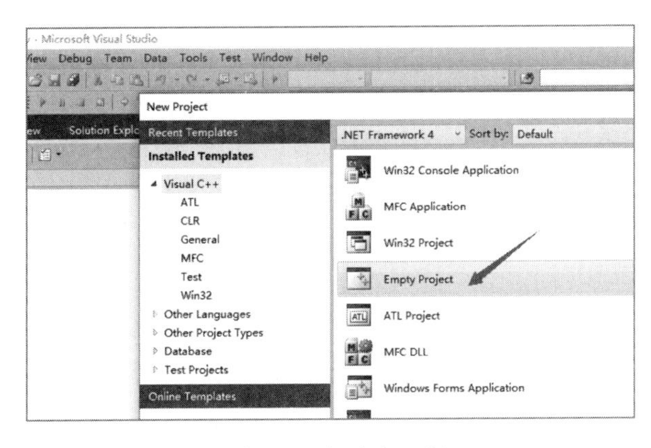

图 2-6　新建空工程

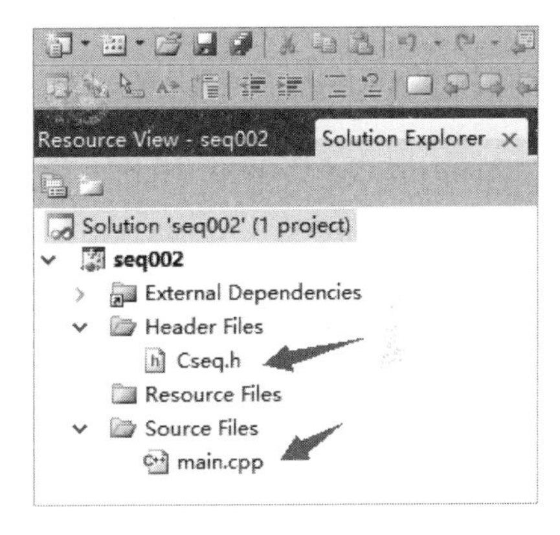

图 2-7　新建两个文件

（3）输入 Cseq.h 和 main.cpp 代码。

Cseq.h 是实现顺序表的文件，具体代码如下：

```
#include <iostream>
#define MAX 100
using namespace std;

class CSeq
{
public:
    int length;
    int elem[MAX];
    CSeq()
    {
      length=0;                        //顺序表初始长度为 0
    }
    void insert(int x,int k);          //在第 k 个位置之后插入 x
void display( );
};

 void CSeq::display()                  //显示顺序表的每个元素
 {
      for(int i=0;i<length;i++)
         cout<<elem[i]<<" ";
 }
```

```
void CSeq::insert(int x,int k)        //在第 k 个位置之后插入 x
{
  if(k<0||k>length)
  {
     cout<<"位置不合法";
     return;
  }

  for(int i=length-1;i>=k;i--)
    elem[i+1]=elem[i];

  elem[k]=x;
  length++;
}
```

main.cpp 是主函数的入口，其对应的代码如下：

```
#include "Cseq.h"
#include <process.h>

CSeq  merge(CSeq LA,CSeq LB)     //顺序表合并函数
{
   CSeq LC;                      //顺序表 LA 和 LB 合并成 LC
   int i=0;                      //顺序表 LA 的位置
   int j=0;                      //顺序表 LB 的位置

   // 需要补充的代码
   return(LC);                   //返回值是顺序表 LC
}

int main()
{
   CSeq LA,LB,LC;                //定义 3 个顺序表

   LA.length=6;                  //顺序表 LA 进行初始化，包括 6 个元素
   LA.elem[0]=6; LA.elem[1]=11; LA.elem[2]=19; LA.elem[3]=23; LA.elem[4]=55;
 LA.elem[5]=89;

   LB.length=4;                  //顺序表 LB 进行初始化，包括 4 个元素
   LB.elem[0]=4; LB.elem[1]=40; LB.elem[2]=70; LB.elem[3]=100;

   LC=merge(LA,LB);              //合并
   LC.display();                 //显示顺序表 LC 的每一个元素

   system("pause");
   return(0);
}
```

程序运行结果如图 2-8 所示。

图 2-8　C++程序运行结果

很明显，此时顺序表 LC 包含 LA 和 LB 的所有元素，并且是升序的。

3.C 语言实现

采用 C 代码实现顺序表合并的过程如下：

（1）在 VS 2010(2015)建立一个空工程，具体如图 2-9 所示。

（2）在新建的工程中新建 main.cpp 文件，main.cpp 是主函数入口，具体如图 2-10 所示。

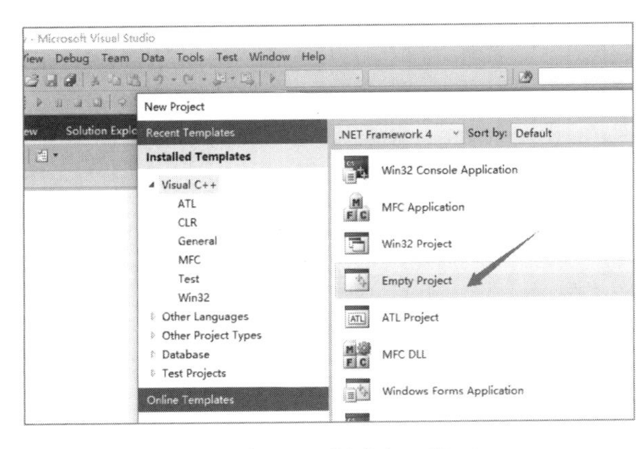

图 2-9　新建空工程

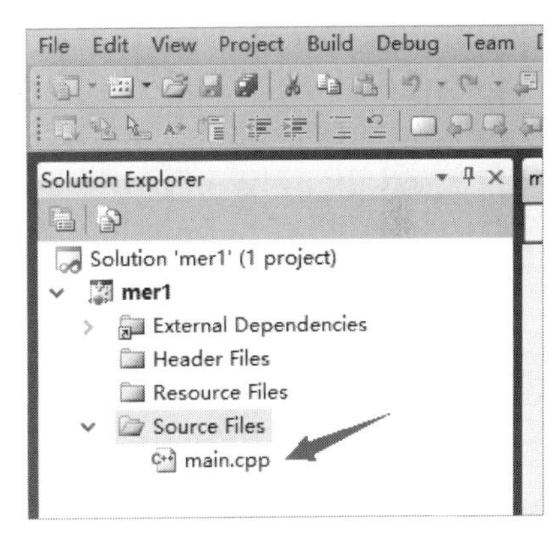

图 2-10　新建 main.cpp 文件

（3）输入 main.cpp 代码。

main.cpp 对应的代码如下：

```
#include <stdio.h>
#include <stdlib.h>
#include <process.h>
#define MAX 100

typedef struct  Seq
{
    int elem[MAX];
    int length;
} RSeq;

void insert(RSeq *L,int k,int x);

RSeq  init()                          //顺序表 LA 的初始化函数
{
    RSeq *Rl;
    Rl=(struct Seq *)malloc(sizeof(struct Seq));
```

```
    Rl->length=6;

    Rl->elem[0]=6;Rl->elem[1]=11;Rl->elem[2]=19;Rl->elem[3]=23;Rl->elem[4]=
55;Rl->elem[5]=89;

    return(*Rl);
}

RSeq init1()                        //顺序表 LB 的初始化函数
{
    RSeq *Rl;
    Rl=(struct Seq *)malloc(sizeof(struct Seq));
    Rl->length=4;
    Rl->elem[0]=4;Rl->elem[1]=40;Rl->elem[2]=70;Rl->elem[3]=100;
    return(*Rl);
}

RSeq  merge(RSeq LA, RSeq LB)     //合并顺序表 LA 和 LB
{
    RSeq  LC,*LLC;                  //顺序表 LC 的初始化
    LLC=(struct Seq *)malloc(sizeof(struct Seq));
    LC=*LLC;
    LC.length=0;
    int i=0;                        //顺序表 LA 的位置
    int j=0;  //顺序表 LC 的位置

    // 需要补充的代码

    return(LC);                     //返回合并的顺序表
}

void display(RSeq Rll)             //显示顺序表的每个元素
{
    int LL=Rll.length;
    for(int i=0;i< LL;i++)
    {
        printf("%4d",Rll.elem[i]);
        Rll.length++;
    }
    printf("\n");
}

void insert(RSeq *L ,int x, int k)   //在顺序表的第 k 个位置之后插入 x
{
    if(k<0||k>L->length)
    {
```

```
        printf("位置不合法");
        return;
    }

    for(int i=L->length-1;i>=k;i--)
        L->elem[i+1]=L->elem[i];
        L->elem[k]=x;
        L->length++;
}

void main()                        //主函数
{
    RSeq LA,LB,LC;                 //定义顺序表 LA、LB 和 LC
    LA=init();                     //生成顺序表 LA
    LB=init1();                    //生成顺序表 LB
    LC=merge(LA,LB);               //将顺序表 LA 和 LB 合并成 LC
    display(LC);                   //显示 LC 的每个元素
    system("pause");
}
```

程序运行结果如图 2-11 所示。

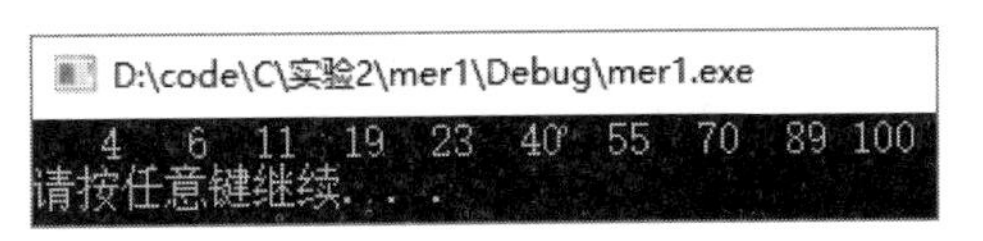

图 2-11　C 程序运行结果

很明显，此时顺序表 LC 包含 LA 和 LB 的所有元素，并且是升序的。

思　考　题

一个顺序表的数据元素都是整型值，请写出一个算法，需要把这个顺序表分成两个顺序表，规则是：数据元素值大于 x 在一个顺序表，数据元素小于等于 x 的在一个顺序表，如图 2-12 所示。

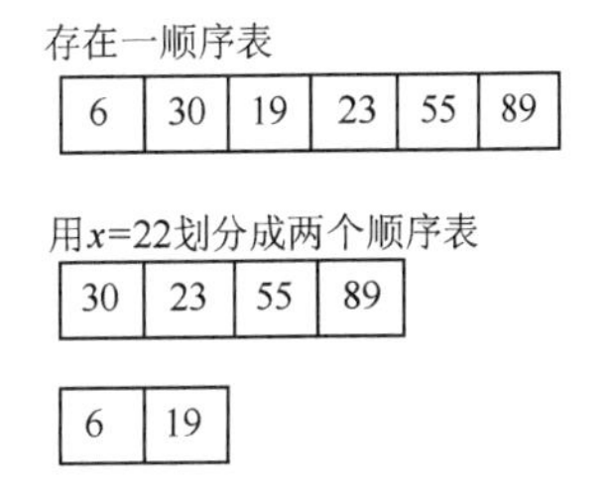

图 2-12　划分顺序表

提示：这题有多种方法，现提供两种常规算法。第一种算法：先初始化 3 个顺序表，第一个顺序表存放整型的数据元素，其余两个顺序表初始为空，依次访问第一个顺序表中的数据元素，如果此元素大于 x，则插入到第二个顺序表的末尾（此顺序表初始为空），否则插入到第三个顺序表的末尾（此顺序表初始为空），如图 2-13 所示。

第二种算法：先初始化 2 个顺序表，第一个顺序表存放整型的数据元素，另一个顺序表初始为空，依次访问第一个顺序表中的数据元素，如果此元素大于 x，则从第一个顺序表把此元素删除并插入到另一个顺序表，否则访问下一个数据元素，如图 2-14 所示。

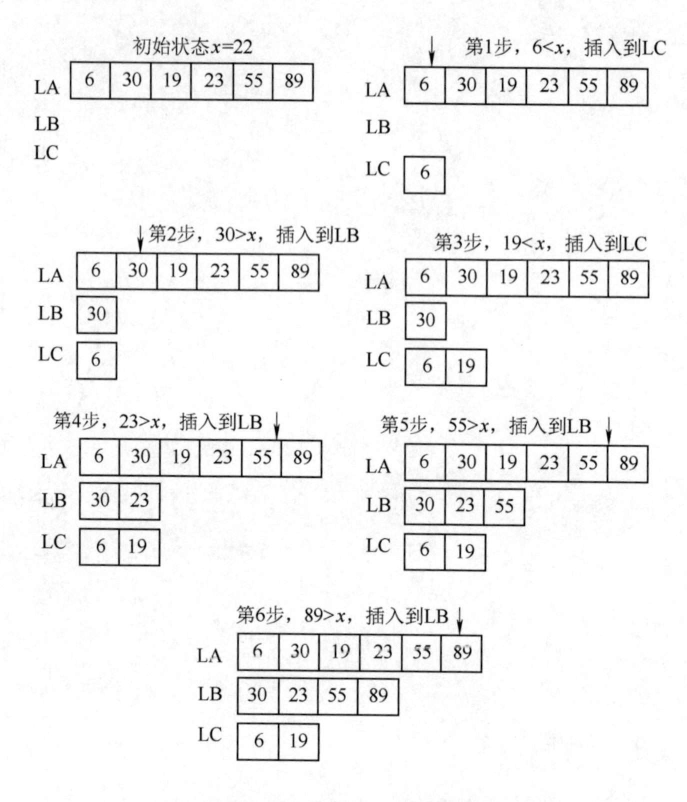

图 2-13　算法 1 示意图

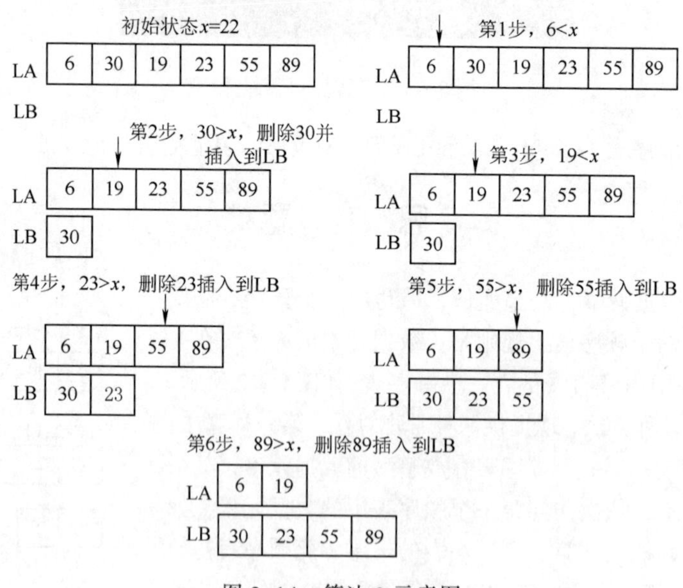

图 2-14　算法 2 示意图

算法 2 的算法空间复杂度比算法 1 要小，因为其耗费的存储结构少。

实验3 链 表 建 立

实验目的

（1）熟悉链表，掌握链表的基本概念。

（2）熟悉建立链表的操作。

（3）掌握通过“尾插法”建立链表。

实验环境

硬件环境：通常的 PC、内存 4 GB 及以上，硬盘空闲空间 8 GB 及以上。

软件环境：Windows 系列操作系统、Eclipse（Editplus）、VS 2010 或者 VS 2015。

实验准备

1.链表定义

链表也是线性表的一种，线性表的链式存储是指用一系列地址不连续的存储单元依次存储线性表中的各个元素，使得线性表中在逻辑结构上相邻的数据元素存储在不相邻的物理存储单元中，其通过记录直接后继的存储地址来反映数据元素之间逻辑上的相邻关系。

例如，对于含有 4 个整型数据元素的线性表｛10，4，6，15｝，其需要通过链式方式存储，而链式存储中并不要求这 4 个数据元素的物理地址是连续的。假设计算机操作系统为这 4 个数据元素在存储器中分配的物理地址如表 3-1 所示。

表 3-1　存储地址

存储器地址	值
0x4521001a	10
0x24568222	4
0x100011ff	6
0x63452772	15

很明显，这 4 个元素的存储物理地址是不连续的，那么这 4 个元素如何形成逻辑上的连续呢？需要为每个数据元素增加一个数据项，这个数据项的值是此数据元素的直接后继的地址。凭此数据项，当前数据元素就知道其直接后继的存储地址，形成了一个逻辑连续的关系，具体如表

3-2 所示。

表 3-2　链表存储地址

存储器地址	值	
	数　据　值	后继元素存储地址
0x4521001a	10	0x24568222
0x24568222	4	0x100011ff
0x100011ff	6	0x63452772
0x63452772	15	0x00000000

10 的直接后继是 4，所以 10 对应的数据元素要包含两个数据项，一个数据项是值 10，另一个数据项是其直接后继 4 对应的数据元素的存储地址值。依此类推，每个数据元素都含有其直接后继的存储地址，这也就形成了一个逻辑连续的关系。需要注意的是，最后一个数据元素，也就是 15 对应的数据元素，其没有直接后继了，此时它的后继元素存储地址用空地址(NULL)表示，也就是 0x00000000。这个链表对应的逻辑关系图如图 3-1 所示。

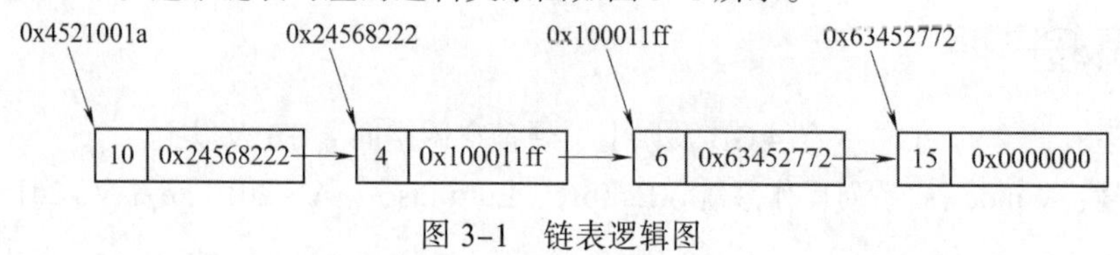

图 3-1　链表逻辑图

图 3-1 中指向数据元素的箭头代表数据元素的存储地址，如果两个箭头同时指向一个数据元素，则表示这两个箭头代表同一个存储地址。

2.链表插入

链表插入是指在链表中插入一个新的数据元素（结点）。插入的过程分成三步：第一步是找到插入位置；第二步是新建插入的结点；第三步是修改相关元素的地址数据项的值，再进行插入。

其中如果插入的位置不一样，插入的操作步骤是不一样的，具体分两种情况：

第一是在第一个数据元素之前插入；其余的是第二种情况，这两种情况的差异如图 3-2 所示。

通过设置头结点的方法，可以使上述两种插入步骤变成一种插入步骤。头结点是一个额外增加的结点，其数据项的值无意义，可以任意设置，地址项的值为链表第 1 个数据元素的存储地址，设置头结点的目的就是简化链表的相关操作，对于带有头结点的链表插入如图 3-3 所示。

3.链表建立

一个链表的建立可以反复运用链表的插入来进行，本次实验采用带辅助头结点的链表，开始链表只有 1 个头结点，无其余的数据元素，然后每次都在链表尾部插入新的数据元素，直到链表完整，这种构造链表的方法称为“尾插法”，具体如图 3-4 所示。

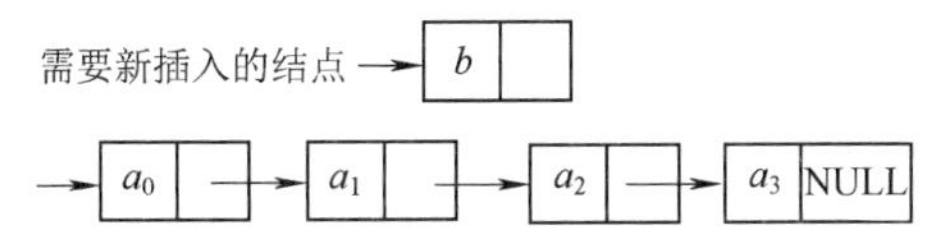

（1）在第1个数据元素之前插入

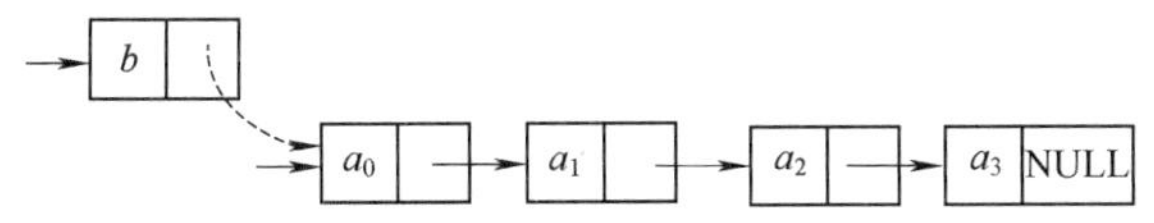

步骤：b对应数据元素的地址项的值等于a_0对应数据元素存储地址；
b对应数据元素变成了链表第1个数据元素

（2）其余的情况，例如在a_1对应数据元素之后插入

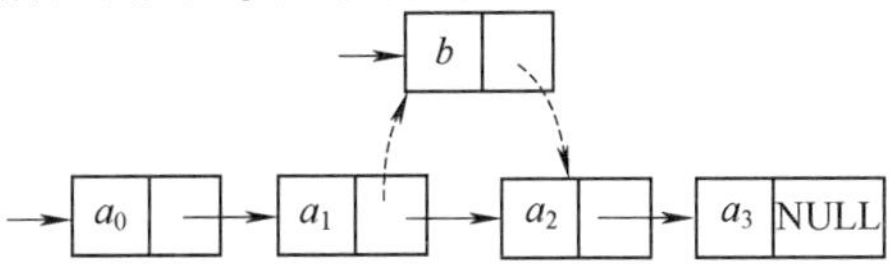

步骤：找到插入的位置
b对应数据元素的地址项的值等于a_2对应数据元素的存储地址；
a_1对应数据元素的地址项的值等于b对应数据元素的存储地址

图 3-2 链表插入结点

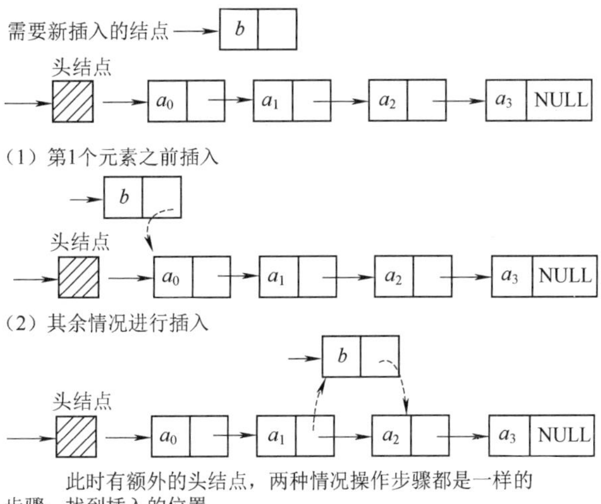

此时有额外的头结点，两种情况操作步骤都是一样的

步骤：找到插入的位置
b对应数据元素的地址项的值等于a_2对应数据元素的存储地址；
a_1对应数据元素的地址项的值等于b对应数据元素的存储地址

图 3-3 设置头结点的链表插入结点

尾插法建立数据项为10、4、6、15的链表

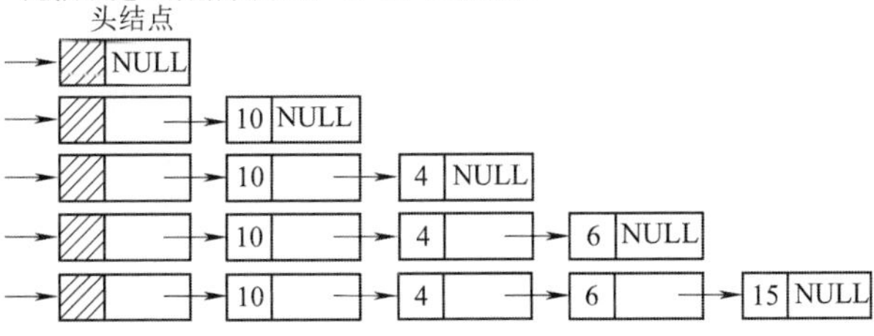

图 3-4 设置头结点的链表插入结点

实验要求

给定一个数值序列 a_0，a_1，a_2，…，a_n，以这些序列为链表中每个结点的数据项的值，然后通过“尾插法”建立一个带有头结点的链表，最后得到的链表如图 3-5 所示。

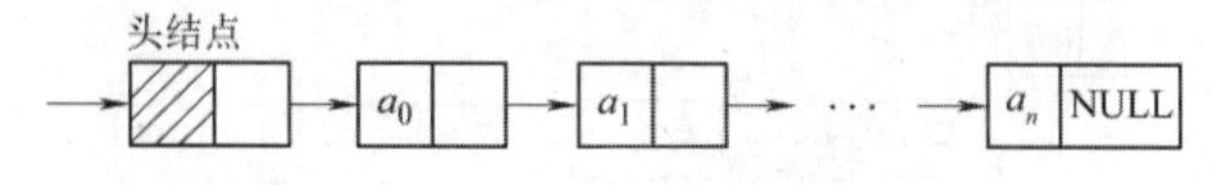

图 3-5　需要得到的目标链表

实验分析

通过尾插法建立好链表后，需要对链表进行访问。对链表进行访问时一般是通过访问链表的头结点的地址进行的，链表的头结点的地址也称为头指针，它是链表的一个特征值。访问链表时需要设置一个临时指针，通过此指针访问链表的每个结点，直到链表的结束，具体如 3-6 所示。

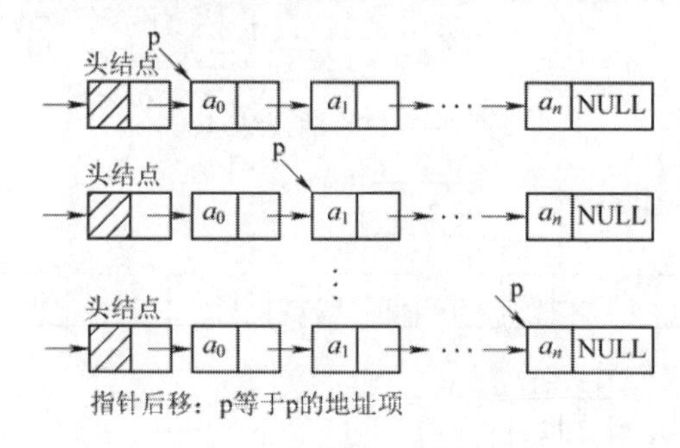

图 3-6　链表的访问

代码实现

1.Java 语言实现

采用 Java 代码的实现过程如下：

（1）在 Eclipse 建立一个 Java 工程，具体如图 3-7 所示，工程名称为 001。

（2）在新建的工程里新建 3 个类 lian01、LinkList 和 Node，具体如图 3-8 所示。

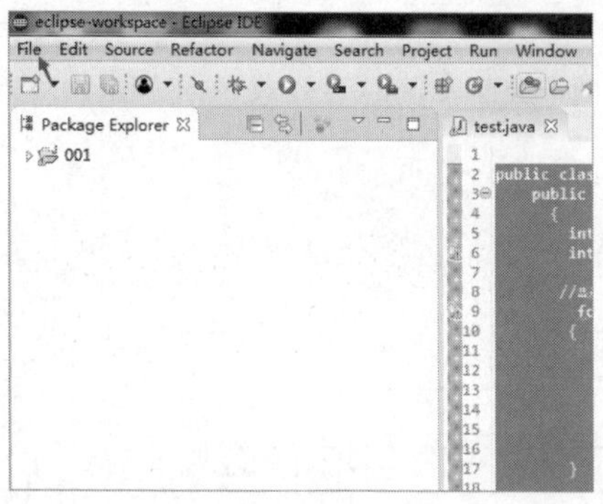

图 3-7　新建工程

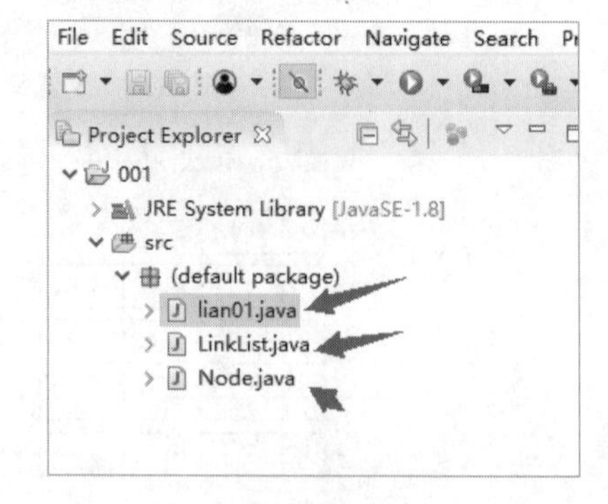

图 3-8　新建的 3 个类

Node 是链表结点类，其对应的代码如下：

```
public class Node {
    public int data;                //结点的数据项
    public Node next;               //结点的地址项，Java 语言无指针，使用引用实现
}
```

LinkList 是链表类，其对应的代码为：

```
public class LinkList
{
    public Node head;               //辅助头结点
    public LinkList()               //生成一个链表，链表结点域的数据值等于数组的元素
    {
        int a[]={10,4,6,15};        //构造链表的整数序列
        head=new Node();            //生成头结点
        head.data=-100;
        head.next=null;

       //此处代码需要完成
    }

    public void display()           //访问链表
    {
        Node p;                     //临时指针，其初始值为头结点后面第 1 个元素的地址
        p=head.next;
        while(p!=null)              //p 没到链表末尾
        {
            //显示当前元素地址、当前元素数据项和地址项的值：
            System.out.println("存储地址: "+p+"数据域: "+p.data+"地址域: 
        "+p.next+"-->");
            p=p.next;
        }
        System.out.println("空"); //表示链表结束
    }
}
```

lian01 是主函数入口，其对应的代码为：

```
public class lian01 {
    public static void main(String args[ ])
    {
        LinkList p;                 //定义一个链表
        p=new LinkList();           //生成一个链表
        p.display();                //显示链表
    }
}
```

程序运行结果如图 3-9 所示。

```
Problems  @ Javadoc  Declaration  Console
<terminated> lian01 (1) [Java Application] D:\java\jre8\bin\javaw.exe (
存储地址: Node@15db9742   数据域: 10 地址域: Node@6d06d69c  -->
存储地址: Node@6d06d69c   数据域: 4 地址域: Node@7852e922  -->
存储地址: Node@7852e922   数据域: 6 地址域: Node@4e25154f  -->
存储地址: Node@4e25154f   数据域: 15 地址域: null  -->
空
```

图 3-9　Java 程序运行结果

从结果中可以看出，链表包含 4 个结点，这 4 个结点的存储地址分别是 0x15db9742、0x6d06d69c、0x7852e922、0x4e25154f，这 4 个结点对应的值分别为（数据项 10，地址项 0x6d06d69c）、（数据项 4，地址项 0x7852e922）、（数据项 6，地址项 0x0x4e25154f）和（数据项 15，地址项：0x00000000（NULL）），需要注意的是链表 4 个结点的地址是操作系统动态分配的，每次执行的结果可能不相同。

2.C++语言实现

采用 C++代码实现链表建立算法的过程如下：

（1）在 VS 2010(2015)建立一个空工程，如图 3-10 所示。

（2）在新建的工程中新建 Node.h、Lian.h 和 main.cpp 文件，如图 3-11 所示。

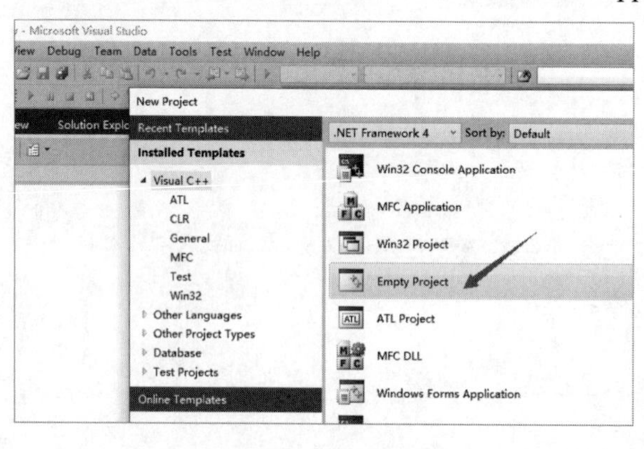

图 3-10　新建空工程

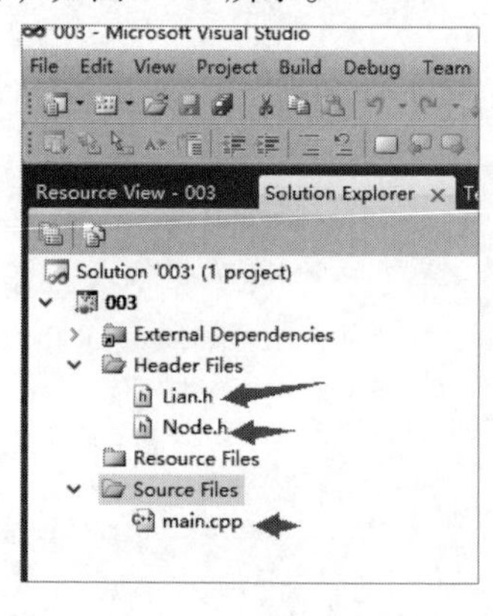

图 3-11　新建 3 个文件

（3）输入 Node.h、Lian.h 和 main.cpp 代码。

Node.h 是链表结点文件，其对应的代码如下：

```
#include <iostream>
using namespace std;

class Node                          //链表结点
{
    public:
    int data;                       //数据域
    Node  *next;                    //地址域

    Node(int data)                  //构造函数
    {
        this->data=data;            //数据域赋值
```

```
        this->next=NULL;          //地址域赋值
    }
};
```

Lian.h 是链表文件，其对应的代码如下：

```
#include <iostream>
#include "Node.h"
using namespace std;

class Lian                          //链表
{
    public:
    Node *head;                     //头指针
    Lian()                          //构造函数
    {
        head=new Node(-100);        //头结点的数据域无意义，赋值-100
        int a[4]={10,4,6,15};       //构造链表的整数序列

    //需要补充完成
    }

    void display();
};

void  Lian::display()               //显示链表函数
{
   Node *p;                         //临时指针 p，通过此指针移动访问链表的全部元素
   p=head->next;                    //p 等于头结点直接后继的地址
   while(p!=NULL)
   {
       cout<<"存储地址:"<<p<<" 数据域: "<<p->data<<" 地址域: "<<p->next<<"->"
   <<endl;
       p=p->next;                   //指针向后移动
   }
   cout<<"NULL"<<endl;
}
```

main.cpp 是主函数入口，其对应的代码如下：

```
void  main()
{
   Lian *L;                         //定义一个链表
   L=new Lian();                    //生成一个链表
   L->display();                    //显示链表
   system("pause");
}
```

程序运行结果如图 3-12 所示。

从结果中可以看出，链表包含 4 个结点，这 4 个结点的存储地址分别是 0x01534B18、0x01534B60、0x01534BA8、0x01534BF0，这 4 个结点对应的值分别为（数据项 10，地址项 0x01534B60）、（数据项 4，地址项 0x01534BA8）、（数据项 6，地址项 0x01534BF0）和（数据项 15，地址项 0x00000000（NULL））。

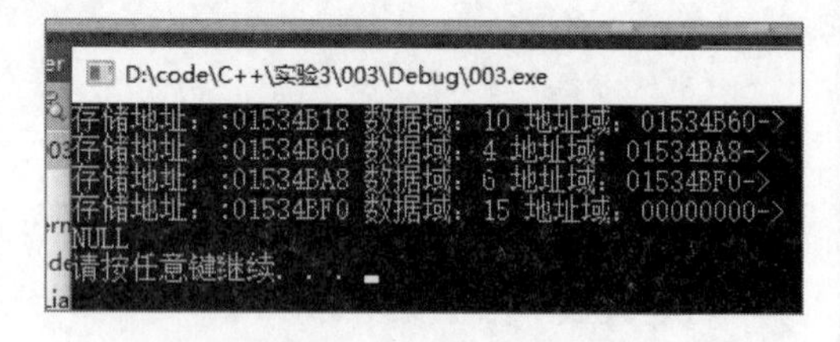

图 3-12　C++程序运行结果

需要注意的是链表 4 个结点的地址是操作系统动态分配的，每次执行的结果可能不相同。

3.C 语言实现

采用 C 代码实现链表生成的过程如下：

（1）在 VS 2010(2015)建立一个空工程，如图 3-13 所示。

（2）在新建的工程中新建 main.cpp 文件，main.cpp 是主函数入口，具体如图 3-14 所示。

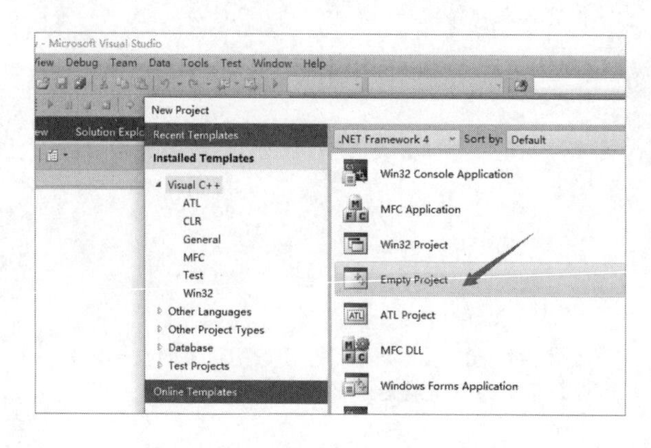

图 3-13　新建空工程

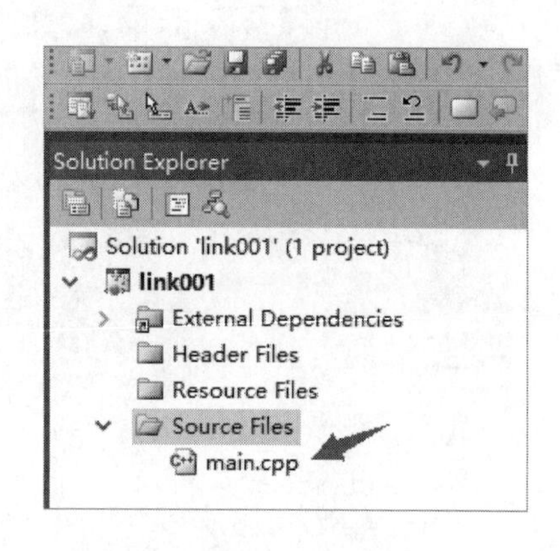

图 3-14　新建 main.cpp 文件

（3）输入 main.cpp 代码。

main.cpp 对应的代码如下：

```
#include <stdio.h>
#include <stdlib.h>
#include <process.h>

typedef struct  Node                    //定义链表结点
{
    int data;
    Node *next;
} RNode;


RNode  *init()                          //链表生成函数
{
```

```
    int a[4]={10,4,6,15};          //生成链表的整数序列
    RNode *head;                   //定义头指针
    head=(struct Node *)malloc(sizeof(struct Node)); //给头结点分配地址
    head->data=-100;               //头结点数据域赋值
    head->next=NULL;               //头结点地址域赋值

     //需要补充代码
     return(head);                 //返回头结点地址
}

 void display(RNode *lhead)        //访问链表
 {
    RNode *p;                      //临时指针
    p=lhead->next;                 //临时指针等于头结点直接后继的地址
    while(p!=NULL)
    {
        printf("%d->",p->data); //打印数据域的值
        p=p->next;                 //指针向后移动
    }
    printf("NULL");
 }

 void main()
 {
     RNode *A;                     //定义头指针
     A=init();                     //生成链表
     display(A);                   //显示链表
     system("pause");
 }
```

程序运行结果如图 3-15 所示。

图 3-15　C 程序运行结果

从结果中可以看出，链表包含 4 个结点，它们的数据域的值分别是 10、4、6、15。

思　考　题

对一个整型数值序列，请写出一个算法，采用“前插法”建立一个链表，具体如图 3-16 所示。

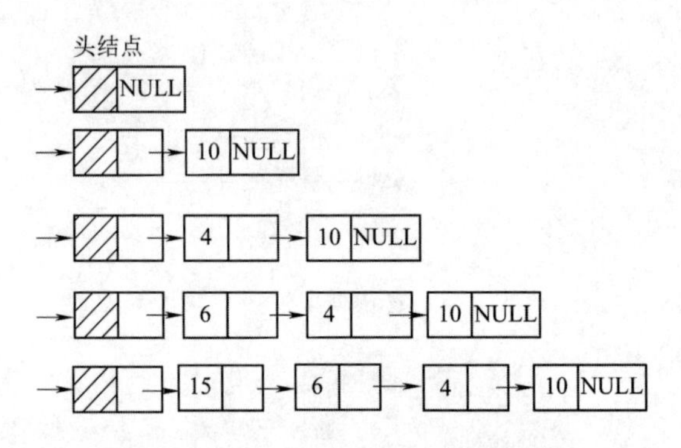

图 3-16　使用前插法建立链表

实验 4 循环链表分离

实验目的

（1）熟悉循环链表，掌握循环链表的基本概念。

（2）熟悉建立循环链表的操作。

（3）掌握循环链表的分离方法。

实验环境

硬件环境：通常的 PC、内存 4 GB 及以上，硬盘空闲空间 8 GB 及以上。

软件环境：Windows 系列操作系统、Eclipse（Editplus）、VS 2010 或者 VS 2015。

实验准备

1.循环链表定义

实验 3 中所讲述的链表也称为单链表，单链表的特征是每个链表结点只有一个地址项（存放直接后继的地址），循环链表是一种特殊的单链表，其最后一个结点的地址域的值不是 NULL,而是第一个结点的存储地址。循环链表也可分成带有头结点的循环链表和不带头结点的循环链表，具体如图 4-1 所示。

本实验中使用的是带头结点的循环链表。

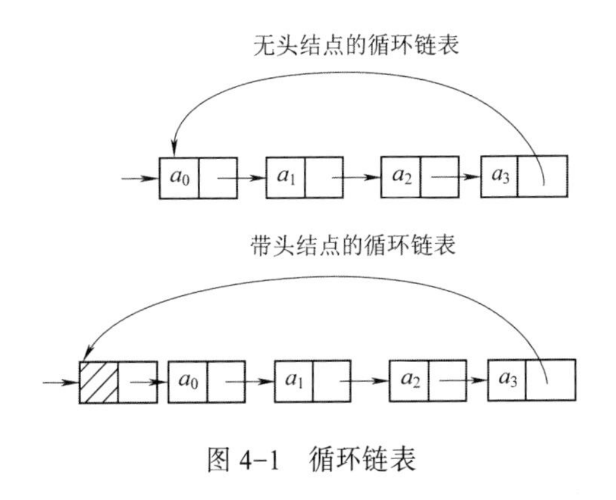

图 4-1 循环链表

2.循环链表的建立、插入和删除

循环链表的建立和插入同实验 3，循环链表的删除通常是指在链表中删除一个结点，其过程如图 4-2 所示。

实验要求

把一个数据域为整数的带头结点的循环链表按顺序分成两个带头结点的循环链表，数据域是奇数的位于一个循环链表，数据域是偶数的位于另一个循环链表，例如图 4-3 所示。

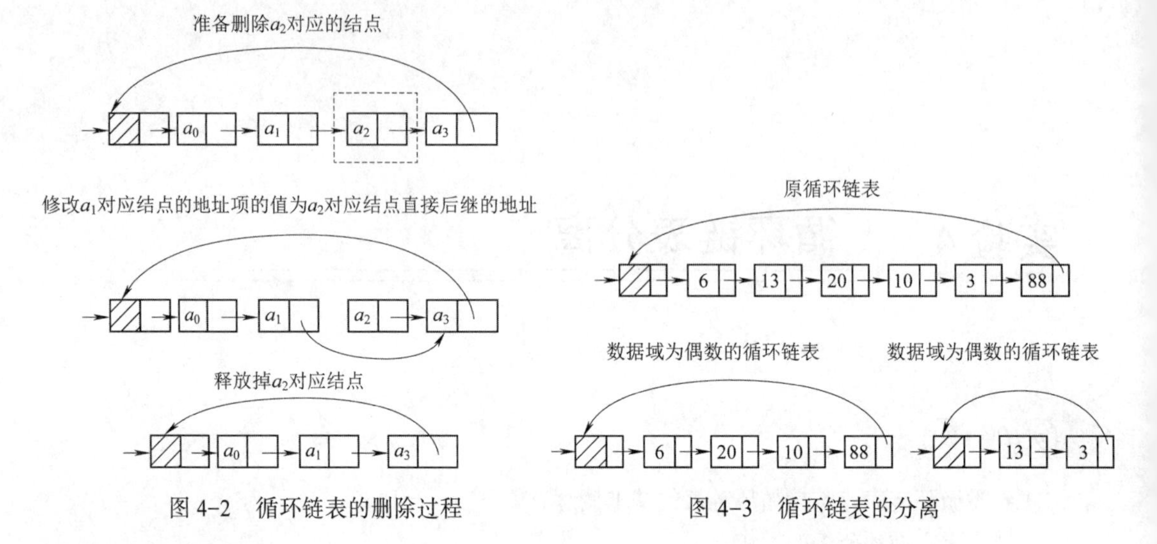

图 4-2　循环链表的删除过程

图 4-3　循环链表的分离

实验分析

首先建立两个循环链表，一个循环链表包含所有的整数，一个循环链表为空，只有 1 个头结点，如图 4-4 所示。

依次访问第一个链表的除头结点外的每个结点，如果结点的数据域为偶数，则访问下一个结点。例如，6 是偶数，所以访问下一个结点，如图 4-5 所示。

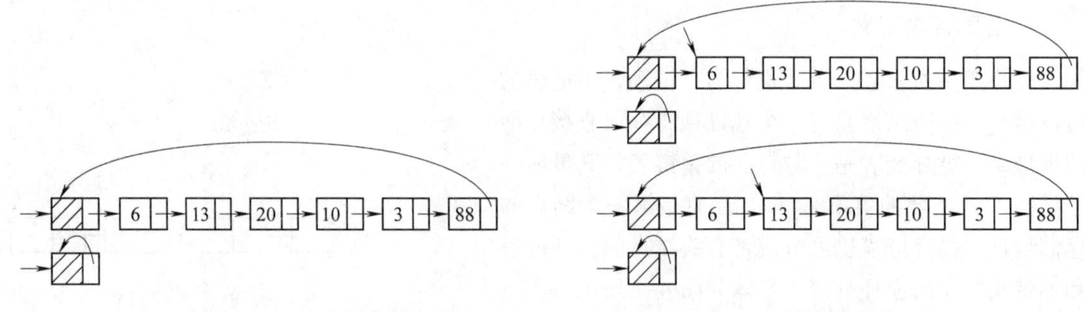

图 4-4　链表分离第一步

图 4-5　链表分离第 1 步

如果结点的数据域为奇数，则删除这个结点，并把此结点插入到第二个循环链表，再依次访问下一个结点。例如，13 是奇数，删除其对应结点并插入到第二个循环链表，再依次访问下一个结点，如图 4-6 所示。

20 是偶数，访问下一个结点如图 4-7 所示。

10 是偶数，访问下一个结点如图 4-8 所示。

3 是奇数，删除其对应结点并插入到第二个循环链表，再依次访问下一个结点，如图 4-9 所示。

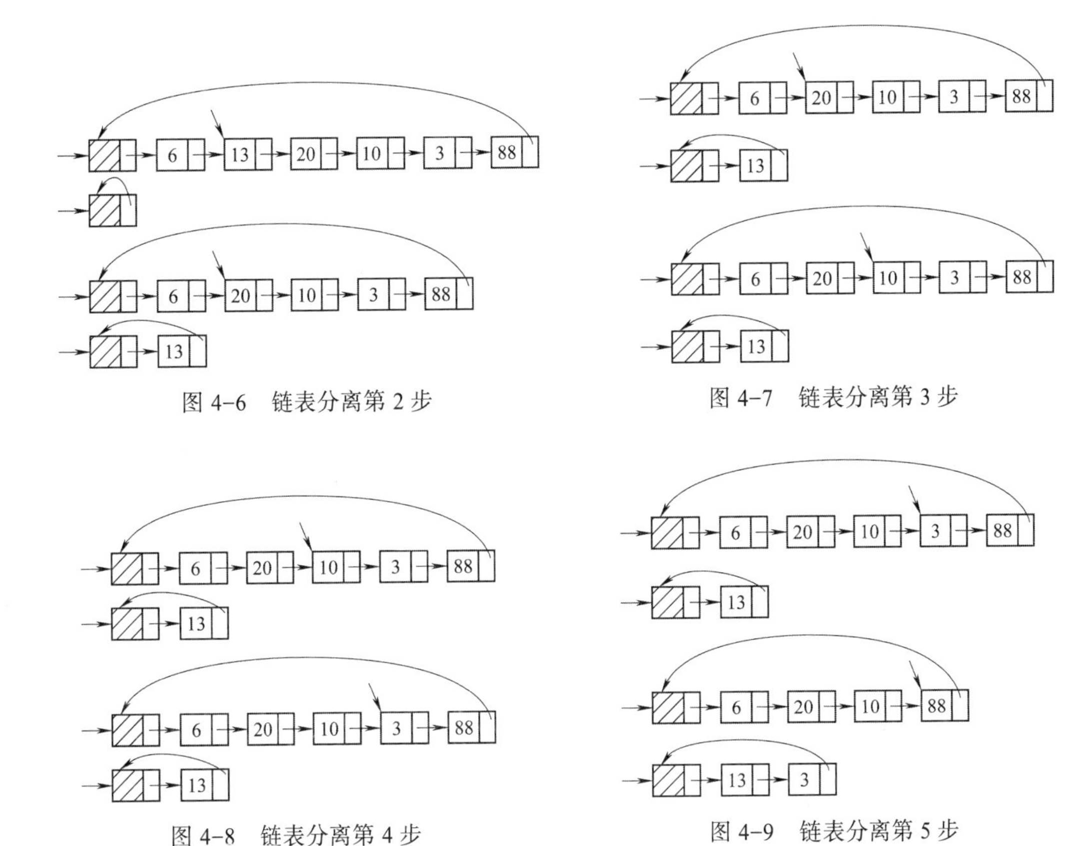

图 4-6　链表分离第 2 步

图 4-7　链表分离第 3 步

图 4-8　链表分离第 4 步

图 4-9　链表分离第 5 步

88 是偶数，而且 88 对应的结点是最后一个结点，分离结束。

代码实现

1.Java 语言实现

采用 Java 代码的实现过程如下：

（1）在 Eclipse 建立一个 Java 工程，具体如图 4-10 所示，工程名称为 001。

（2）在新建的工程里新建 3 个类 lian01、LinkList 和 Node，具体如图 4-11 所示。

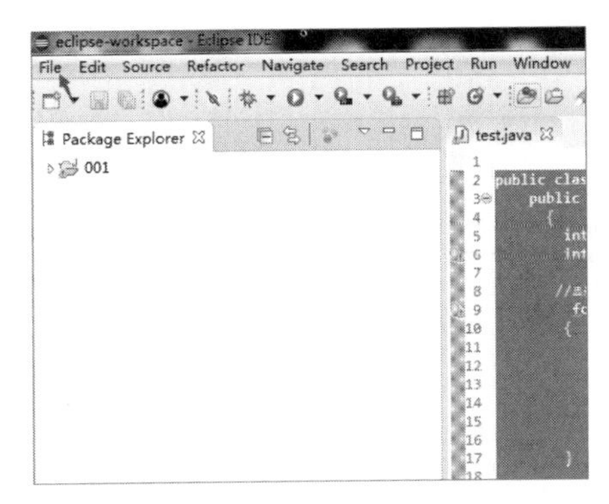

图 4-10　新建工程

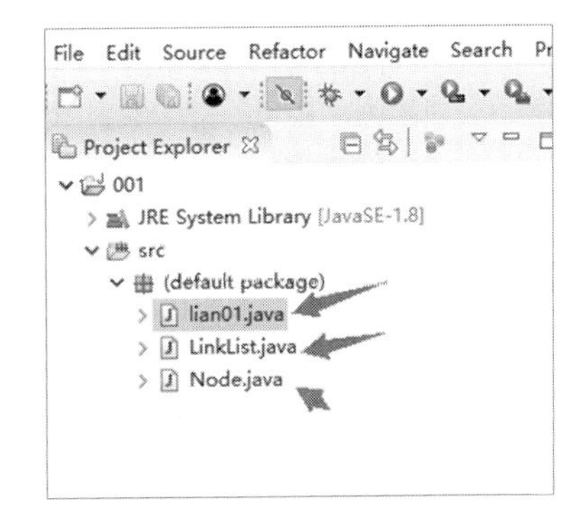

图 4-11　新建的 3 个类

Node 是循环链表结点类，其对应的代码如下：

```
public class Node {
public int data;                          //结点的数据项
public Node next;                         //结点的地址项，Java 语言无指针，使用引用实现
}
LinkList 是循环链表类，其对应的代码为：
public class LinkList
{
  public Node head;                       //循环链表 1 的头结点
  public Node head1;                      //循环链表 2 的头结点

  public LinkList()                       //生成两个链表，链表结点域的数据值等于数组的元素
  {
      int a[]={6,13,20,10,3,88};          //构造第一个循环链表的整数序列

      head=new Node();                    //生成第一个循环链表的头结点
      head.data=-100;
      head.next=head;                     //初始状态，地址域为头结点地址

      Node q=head;                        //采用后插法建立循环链表
      for(int i=0;i<a.length;i++)
      {
          Node p;
          p=new Node();
          p.data=a[i];
          p.next=head;                    //最后一个结点的地址域为头结点存储地址
          q.next=p;
          q=p;
      }

      head1=new Node();                   //定义和生成第二个循环链表的结点
      head1.data=-200;
      head1.next=head1;
  }

  public void display()                   //显示两个循环链表的元素值
  {
      Node p;                             //显示循环链表 1 的元素值
      p=head.next;
      System.out.println("循环链表 1: ");
      System.out.println("   存储地址: "+head+"   数据域:  "+head.data+" 地址域:
  "+head.next+ "  -->");
      while(p!=head)
      {
          System.out.println("   存储地址:  "+p+"   数据域:   "+p.data+" 地址域:
  "+p.next+ "  -->");
          p=p.next;
      }
      System.out.println("   存储地址:  "+p+"   数据域:   "+p.data+" 地址域:
  "+p.next+ "  -->");

      Node q;                             //显示循环链表 2 的元素值
      q=head1.next;
      System.out.println("循环链表 2: ");
```

```
        System.out.println("    存储地址:   "+head1+"    数据域:    "+head1.data+" 地址域: "+head1.next+ "  -->");
        while(q!=head1)
        {
            System.out.println("    存储地址:   "+q+"    数据域:    "+q.data+" 地址域: "+q.next+ "  -->");
            q=q.next;
        }
        System.out.println("    存储地址:   "+q+"    数据域:    "+q.data+" 地址域: "+q.next+ "  -->");
    }

    public void impart()                    //链表分离函数
    {
        //代码需要完成
    }
}
```

lian01 是主函数入口，其对应的代码如下：

```
public class lian01 {
    public static void main(String args[ ])
    {
        LinkList p;                         //定义两个链表
        p=new LinkList();                   //生成两个链表
            System.out.println("链表分离前: ");
        p.display();                        //链表分离前显示两个链表
            p.impart();                     //链表分离
            System.out.println("链表分离后: ");
        p.display();                        //链表分离后显示两个链表
    }
}
```

程序运行结果如图 4-12 所示。

```
Problems  @ Javadoc  Declaration  Console
<terminated> lian01 (1) [Java Application] D:\java\jre8\bin\javaw.exe (2019
链表分离前:
循环链表1:
 存储地址: Node@15db9742   数据域: -100 地址域: Node@6d06d69c  -->
 存储地址: Node@6d06d69c   数据域: 6 地址域: Node@7852e922  -->
 存储地址: Node@7852e922   数据域: 13 地址域: Node@4e25154f  -->
 存储地址: Node@4e25154f   数据域: 20 地址域: Node@70dea4e  -->
 存储地址: Node@70dea4e   数据域: 10 地址域: Node@5c647e05  -->
 存储地址: Node@5c647e05   数据域: 3 地址域: Node@33909752  -->
 存储地址: Node@33909752   数据域: 88 地址域: Node@15db9742  -->
 存储地址: Node@15db9742   数据域: -100 地址域: Node@6d06d69c  -->
循环链表2:
 存储地址: Node@55f96302   数据域: -200 地址域: Node@55f96302  -->
 存储地址: Node@55f96302   数据域: -200 地址域: Node@55f96302  -->
链表分离后:
循环链表1:
 存储地址: Node@15db9742   数据域: -100 地址域: Node@6d06d69c  -->
 存储地址: Node@6d06d69c   数据域: 6 地址域: Node@4e25154f  -->
 存储地址: Node@4e25154f   数据域: 20 地址域: Node@70dea4e  -->
 存储地址: Node@70dea4e   数据域: 10 地址域: Node@33909752  -->
 存储地址: Node@33909752   数据域: 88 地址域: Node@15db9742  -->
 存储地址: Node@15db9742   数据域: -100 地址域: Node@6d06d69c  -->
循环链表2:
 存储地址: Node@55f96302   数据域: -200 地址域: Node@7852e922  -->
 存储地址: Node@7852e922   数据域: 13 地址域: Node@5c647e05  -->
 存储地址: Node@5c647e05   数据域: 3 地址域: Node@55f96302  -->
 存储地址: Node@55f96302   数据域: -200 地址域: Node@7852e922  -->
```

图 4-12　Java 程序运行结果

从结果中可以看出，链表分离前，循环链表 1 除头结点外包含 6 个结点，对应的数据域的值为 6、13、20、10、3、88，循环链表 2 只包含 1 个头结点；链表分离后，循环链表 1 除头结点外包含 4 个结点，对应的数据域的值为 6、20、10、88。循环链表 2 除头结点外包含 2 个结点，对应的数据域的值为 13、3。

2.C++语言实现

采用 C++代码实现循环链表分离的算法的过程如下：

（1）在 VS 2010(2015)建立一个空工程，如图 4-13 所示。

（2）新建的工程中新建 Node.h、Lian.h 和 main.cpp 文件，如图 4-14 所示。

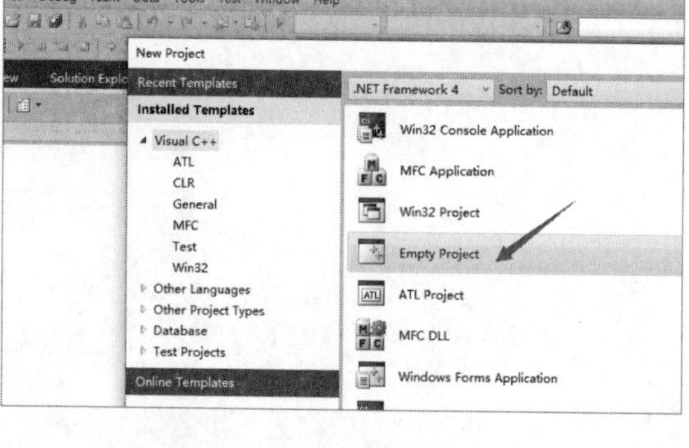

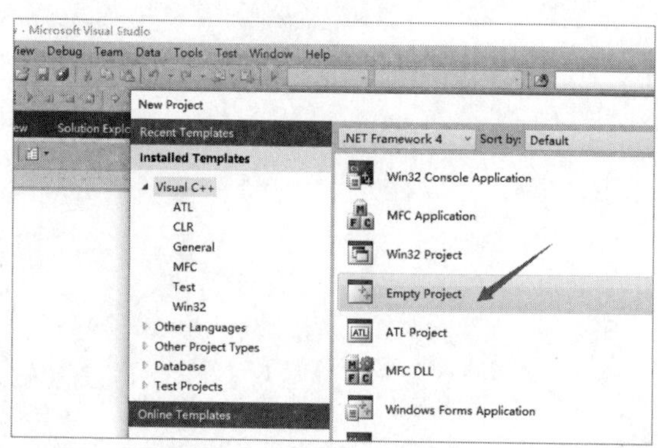

图 4-13　新建空工程

图 4-14　新建 3 个文件

（3）输入 Node.h、Lian.h 和 main.cpp 代码。

Node,h 是链表结点文件，其对应的代码如下：

```
#include <iostream>
using namespace std;

class Node                                //链表结点
{
    public:
    int data;                             //数据域
    Node  *next;                          //地址域
    Node(int data)                        //构造函数
    {
       this->data=data;                   //数据域赋值
    }
};
```

Lian.h 是链表文件，其对应的代码如下：

```
#include <iostream>
#include "Node.h"
using namespace std;

class Lian
```

```
{
  public:
   Node *head,*head1;                    //两个循环链表的头结点
   Lian()
   {
       head=new Node(-100);              //生成循环链表 1 的头结点
       head->next=head;                  //初始状态下其地址域的值为自身地址
       int a[6]={6,13,20,10,3,88};       //循环链表 1 对应的整数序列

       Node *p,*q;                       //用尾插法建立循环链表 1
       p=head;
       for(int i=0;i<6;i++)
       {
              q=new Node(a[i]);
              q->next=head;
              p->next=q;
              p=p->next;
       }

       head1=new Node(-200);             //生成循环链表 2 的头结点
       head1->next=head1;                //初始状态下其地址域的值为自身地址

       }

       void display();                   //显示两个循环列表
       void impart();                    //分离循环链表
};


void Lian::display()
{
       Node *p;
       p=head->next;
       cout<<"显示链表 1"<<endl;           //显示链表 1
       cout<<"存储地址: :"<<head<<" 数据域: "<<head->data<<" 地址域: "<<head->next
<<"-> "<<endl;
       while(p!=head)                    //循环列表，结束条件是临时指针等于头结点指针
       {
           cout<<"存储地址: :"<<p<<" 数据域: "<<p->data<<" 地址域: "<<p-> next<<
"->"<< endl;
           p=p->next;
   }
   cout<<"存储地址::"<<p<<" 数据域:"<<p->data<<" 地址域:"<<p->next<<"->"<<endl;
   cout<<"显示链表 2"<<endl;               //显示链表 2
   Node *q;
   q=head1->next;
      cout<<" 存 储 地 址 :  :"<<head1<<" 数 据 域 : "<<head1->data<<" 地 址 域 :
"<<head1->next <<"->"<<endl;
```

```
    while(q!=head1)
    {
       cout<<"存储地址：:"<<q<<" 数据域："<<q->data<<" 地址域："<<q->next<<"->"
    <<endl;
       q=q->next;
    }
    cout<<"存储地址：:"<<q<<" 数据域："<<q->data<<" 地址域："<<q->next <<"->"<<
    endl;
}

void Lian::impart()
{
     //代码需要完成
}
```

main.cpp 是主函数入口，其对应的代码如下：

```
void  main()
{
   Lian *L;                                //定义两个循环链表
   L=new Lian();                           //生成两个循环链表
   L->display();                           //分离前显示两个循环链表
   L->impart();                            //循环链表分析
   L->display();                           //分离后显示两个循环链表
   system("pause");
}
```

程序运行结果如图 4-15 所示。

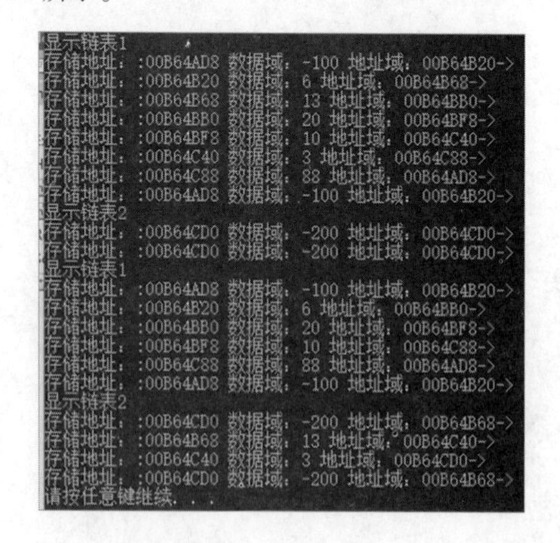

图 4-15　C++程序运行结果

从结果中可以看出，链表分离前，循环链表 1 除头结点外包含 6 个结点，对应的数据域的值为 6、13、20、10、3、88，循环链表 2 只包含 1 个头结点；链表分离后，循环链表 1 除头结点外包含 4 个结点，对应的数据域的值为 6、20、10、88，循环链表 2 除头结点外包含 2 个结点，对应的数据域的值为 13、3。

3.C 语言实现

采用 C 代码实现循环链表分离的过程如下：

（1）在 VS 2010(2015)建立一个空工程，如图 4-16 所示。

（2）在新建的工程中新建 main.cpp 文件，main.cpp 是主函数入口，具体如图 4-17 所示。

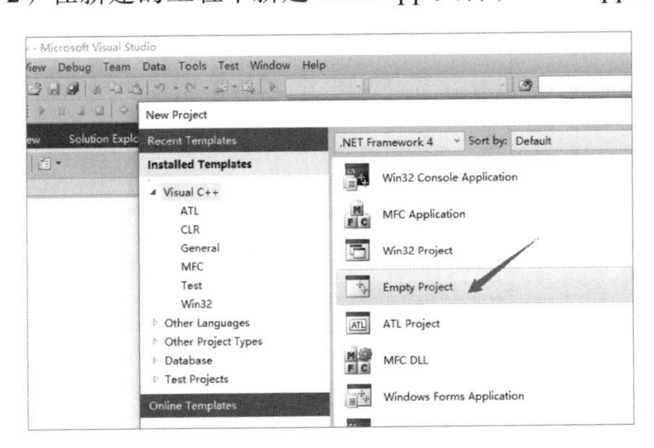

图 4-16　新建空工程

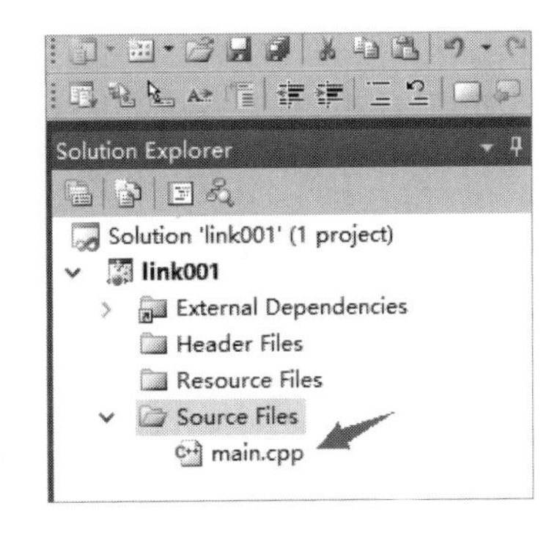

图 4-17　新建 main.cpp 文件

（3）输入 main.cpp 代码。

main.cpp 对应的代码如下：

```
#include <stdio.h>
#include <stdlib.h>
#include <process.h>
#define MAX 100

typedef struct  Node
{
    int data;
    Node *next;
}   RNode;


RNode  *init1()
{
    int a[6]={6,13,20,10,3,88};
    RNode *head;
    head=(struct Node *)malloc(sizeof(struct Node));
    head->data=-100;
    head->next=head;
    RNode *p,*q;
    p=head;
    for(int i=0;i<6;i++)
    {
      q=(struct Node *)malloc(sizeof(struct Node));
      q->data=a[i];
      q->next=head;
      p->next=q;
```

```
        p=p->next;
      }
      return(head);
  }

  RNode  *init2()
  {
      RNode *head;
      head=(struct Node *)malloc(sizeof(struct Node));
      head->data=-200;
      head->next=head;
      return(head);
  }

  void display(RNode *lhead)
  {
      RNode *p;                    //临时指针p，通过此指针移动访问链表的全部元素
      p=lhead->next;               //p 等于头结点直接后继的地址
      printf("%d->",lhead->data);
      while(p!=lhead)              //循环链表的结束条件是临时指针到达头结点
      {
          printf("%d->",p->data);
          p=p->next;               //指针向后移动
     }
     printf("%d->",p->data);
     printf("\n");
  }

  void impart(RNode *head,RNode *head1) /*需要返回两个循环链表的头指针，通过传指针
改值的方式实现，也可以把参数设为引用实现: void impart(RNode *&head, RNode *&head1)*/
  {
    //代码需要完成

  }


  void  main()
  {
     RNode *A,*B;                  //定义两个循环链表的头指针
     A=init1();                    //生成循环链表 1
     B=init2();                    //生成循环链表 2
     printf("分离前显示: \n");     //分离前显示两个链表
     display(A);
     display(B);
     impart(A,B);
     printf("分离后显示: \n");     //分离后显示两个链表
     display(A);
     display(B);
     system("pause");
  }
```

程序运行结果如图 4-18 所示。

从结果中可以看出，链表分离前，循环链表 1 除头结点外包含 6 个结点，对应的数据域的值为 6、13、20、10、3、88，循环链表 2 只包含 1 个头结点；链表分离后，循环链表 1 除头结点外包含 4 个结点，对应的数据域的值为 6、20、10、88，循环链表 2 除头结点外包含 2 个结点，对应的数据域的值为 13、3。

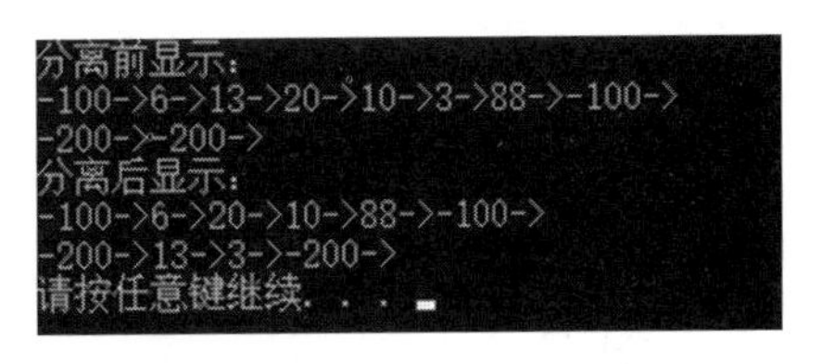

图 4-18　C 程序运行结果

思　考　题

把两个存在头结点的循环链表，连接成一个具有头结点的循环链表，如图 4-19 所示。

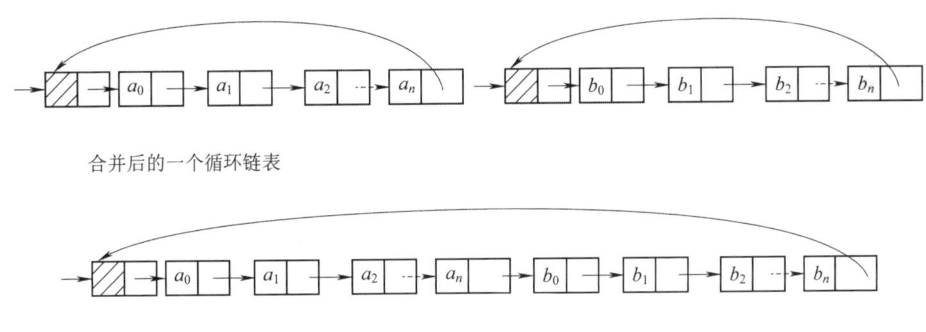

图 4-19　链表合并

提示：通过指针后移到达第一个循环链表的末尾，使第一个循环链表的最后一个结点的地址域的值等于第二个循环链表的头结点的直接后继的地址，再使指针后移到达第二个循环链表的尾结点，使其地址域的值等于第一个循环链表的存储地址。

最后释放掉第二个循环链表的头结点。

实验 5　栈的应用：进制转换

实验目的

（1）熟悉栈，掌握栈的基本概念。

（2）熟悉栈的操作。

（3）掌握使用栈实现进制转换。

实验环境

硬件环境：通常的 PC、内存 4 GB 及以上，硬盘空闲空间 8 GB 及以上。

软件环境：Windows 系列操作系统、Eclipse（Editplus）、VS 2010 或者 VS 2015。

实验准备

1.栈的定义

栈是一种特殊的线性表，特殊之处在于增加和删除元素只能在栈的一端进行，这个特殊的栈的一端也称为栈顶，在栈中增加元素称为进栈，在栈中删除元素称为出栈。因为元素进出栈都只能在栈顶进行，所以对于一个进栈的元素序列，栈有先进后出的特点，具体如图 5-1 所示。

栈可以通过顺序表和链表实现，本书中栈是通过顺序表实现的,可以把栈当成是特殊的顺序表，具体如图 5-2 所示。

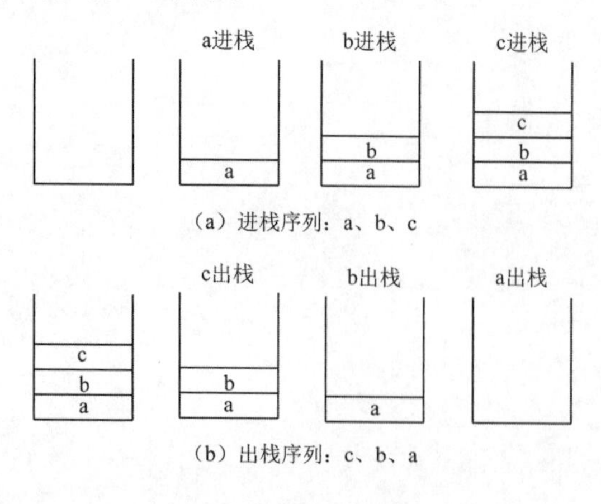

图 5-1　栈的先进后出

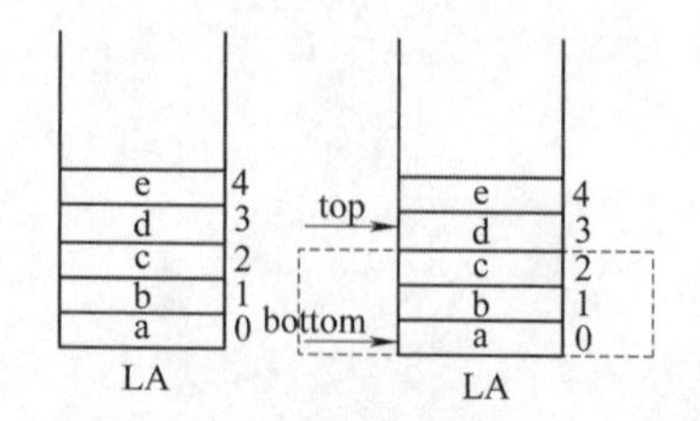

图 5-2　栈的实现图

图 5-2 中有一个顺序表 LA，LA 中包含 5 个元素，a 在 0 号位置，b 在 1 号位置，c 在 2 号位置，d 在 3 号位置，e 在 4 号位置。栈的实现是在顺序表的基础上做了一些逻辑限制，栈有两个特征值：一个是 bottom,指栈底，其一般默认是指顺序表的起始位置(0 号位置)，即 bottom 等于 0；另一个是 top，指栈顶，栈顶是栈中最后一个元素的上一个位置，图 5-2 中的虚线方框中的元素属于一个栈，即 a、b、c 属于栈，栈的最后一个元素是 c，其对应位置为 2,则栈顶 top 等于 2 加 1 为 3，栈的最后一个元素 c 也称为栈顶元素。需要注意的是此时 d 和 e 虽然也属于顺序表 LA，但是这两个元素和栈没有关系，栈顶 top 决定了顺序表有哪些元素属于栈。图 5-2 中 top=3，就表示比 3 小的对应位置的元素属于栈，这里 a、b、c 属于栈。

入栈和出栈都只能在栈顶进行，进栈时栈顶 top 加 1，出栈时 top 减 1，当 top 等于 0 时，栈为空，栈不包含任何元素，如图 5-3 所示。

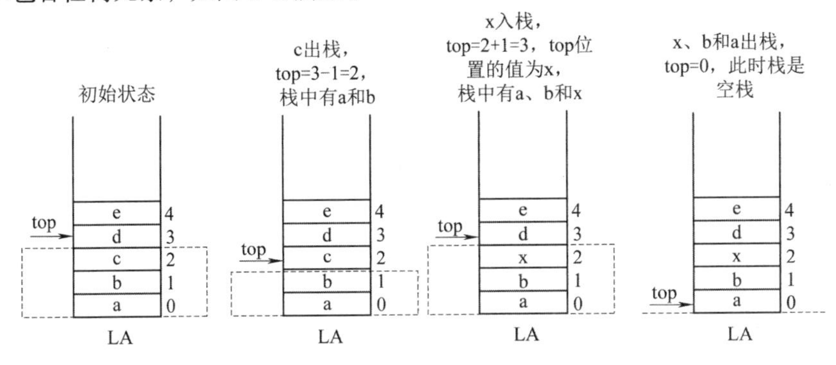

图 5-3　栈的出栈和进栈

2.进制转换

进制转换是指不同进制的数进行转换，例如十进制数 8 转换成二进制数为 1000，十六进制数 f1 转换成 10 进制数为 241。本实验主要实现的是十进制数到 x 进制数的转换，x 等于 2 就是二进制，x 等于 8 就是八进制。

所谓 x 进制就是逢 x 进 1，十进制到 x 进制的转换可以通过“辗转相除法”实现，“辗转相除法”指用所需要转换的数反复除以 x 求余数，直到商为 0，其详细过程如图 5-4 所示。十进制数 23 如何通过“辗转相除法”得到其对应的二进制数。

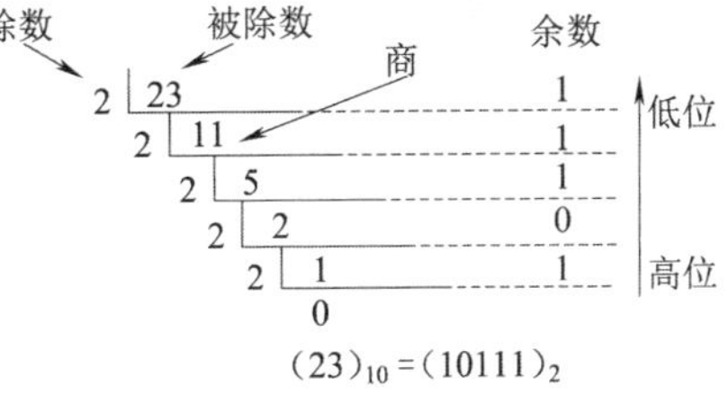

图 5-4　辗转相除法进制转换

实验要求

给定一个十进制数 x，请将 x 转换成二进制数。

实验分析

“辗转相除法”是先求得低位数，再求得高位数，而数值表示中是先显示高位数，再显示低位数，这就和栈“先进后出”的思想吻合了，先求得低位数进栈，等到高位数全部进栈后，从高位数进行显示。5-4 中的例子转换过程如图 5-5 所示。

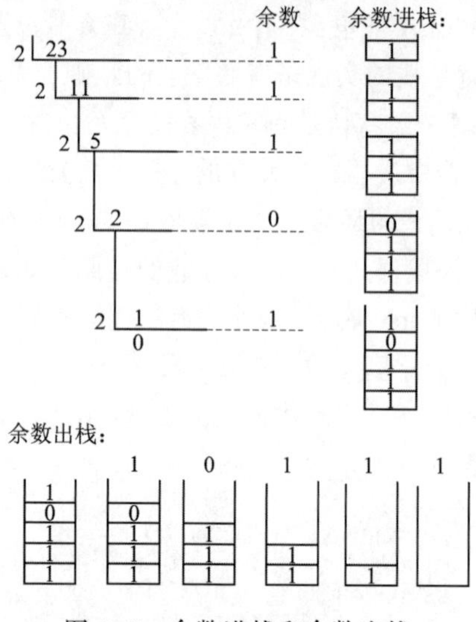

图 5-5　余数进栈和余数出栈

代码实现

1.Java 语言实现

采用 Java 代码的实现过程如下：

（1）在 Eclipse 建立一个 Java 工程，具体如图 5-6 所示，工程名称为 Stack001。

（2）在新建的工程里新建 3 个类 stack01、SqStack 和 convert，具体如图 5-7 所示。

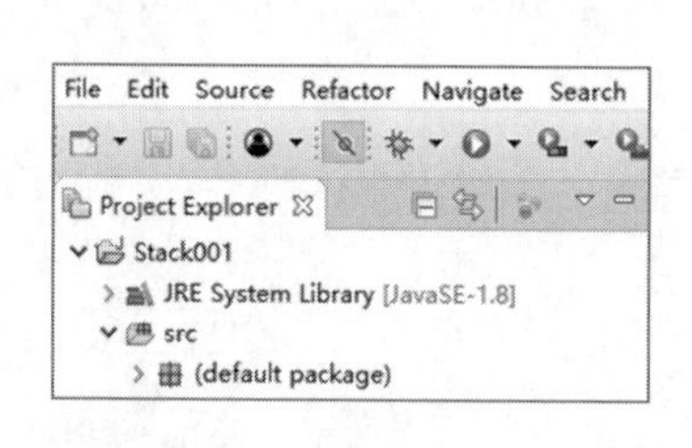

图 5-6　新建工程

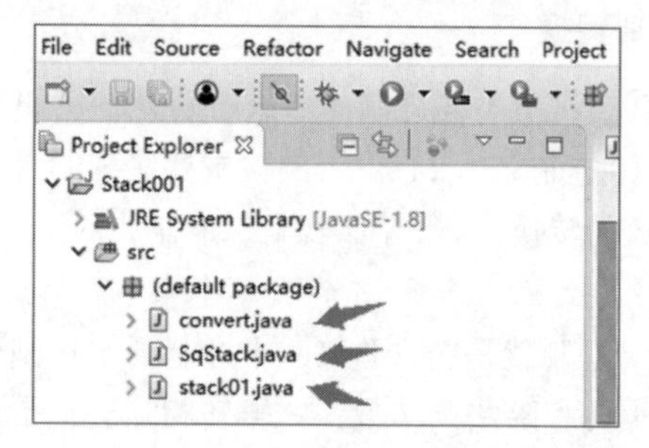

图 5-7　新建的 3 个类

SqStack 是关于栈类，其对应的代码如下：

```
public  class SqStack
{
    //成员变量
    private int[]  sa;                    //构成栈的数组
    private int top;                      //栈顶

    //成员函数
    public SqStack(int max)               //析构函数
    {
        top=0;                            //栈顶初始化为 0
        sa=new int[max];                  //max 指数组长度
```

```
    }

    public void clear()                 //栈清空，top为0，栈为空
    {
        top=0;
    }

    public int length()                 //求栈中的元素个数，栈中的元素个数等于top
    {
        return(top);
    }

    public boolean isEmpty()            //判断栈是否为空，如果为空返回true
    {
        return(top==0);
    }

    public int peek()    //返回栈顶元素，栈顶元素位置为top-1,栈空返回特殊值-1000
    {
        if(!isEmpty())
            return sa[top-1];
        else
            return(-1000);
    }

    public void push(int x) throws Exception   //进栈函数
    {
        if(top==sa.length)
            throw new Exception("栈已经满了");
        else
            sa[top++]=x;
    }

    public int pop()                    //出栈函数，栈空返回特殊值-1000
    {
        if(isEmpty())
            return(-1000);
        else
            return sa[--top];
    }
}
```

convert是进制转换的类，其对应的代码如下：

```
public class convert {
    public  SqStack T;                  //定义一个栈

    public convert()
    {
    T=new SqStack(50);                  //生成一个长度为50的栈
    }
```

```
    public void tentotwo(int x) throws Exception
    {
        //需要完成的代码 ，把 x 转换成二进制数输出
    }
}
```

Stack01 是 main()函数入口类，其对应的代码如下：

```
public class stack01 {
    public static void main(String args[]) throws Exception
    {
        convert S;                      //定义一个转换对象
        S=new convert();                //生成这个转换对象
        System.out.println("二进制是:  ");
        S.tentotwo(23);                 //求转换后的二进制数
    }
}
```

程序运行结果如图 5-8 所示。

图 5-8　进制转换结果

十进制数 23 转换成了二进制数 10111。

2.C++语言实现

采用 C++代码实现进制转换的算法的过程如下：

（1）在 VS 2010(2015)建立一个空工程，如图 5-9 所示。

（2）在新建的工程中新建 stack.h 和 main.cpp 文件，如图 5-10 所示。

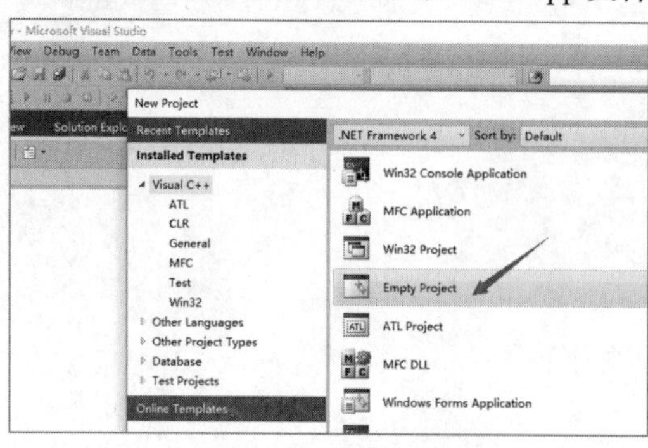

图 5-9　新建空工程

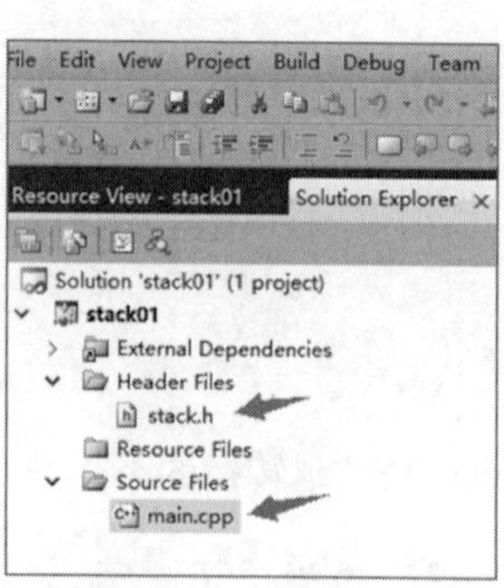

图 5-10　新建 2 个文件

（3）输入 stack.h 和 main.cpp 代码。

stack.h 是实现栈的文件，其对应的代码如下：

```
#include<iostream>
#include<string>
#define N 100                      //构造栈的顺序表最大长度
using namespace std;

class  stack
{
public:
    int sa[N];                     //构造栈的顺序表
    int top;                       //栈顶
    int max;                       //栈中的最大元素数
    void push(int x);              //进栈函数
    int pop();                     //出栈函数
    bool empty();                  //栈的判空函数

    stack()                        //栈的构造函数，开始栈为空，栈的最大长度是50
    {
      top=0;
      max=50;
    }

    ~stack()
    {
    }
};

void stack::push(int  x)       //进栈函数
{
    if(top==max)                   //元素数到达max后，退出程序执行
    {
      cout<<"the stack is full";
      exit(0);
   }
   else
      sa[top++]=x;
}

int stack::pop()                //出栈
{
   if(top==0)                   //栈为空退出执行
   {
     cout<<"no element";
     exit(0);
   }
   else
   {
     return(sa[--top]);
   }
}
```

```
bool stack::empty()            //栈的判空函数
{
    if(top==0)
    {
      return(true);
    }
    else
    {
      return(false);
    }
}
```

main.cpp 是主函数入口，其对应的代码如下：

```
void convert(int x)            // 十进制到二进制转换函数
{
    // 需要补充代码完成
}

int main()
{
     convert(23);              //将十进制数 23 转换成二进制数
     system("pause");
     return(0);
}
```

程序运行结果如图 5-11 所示。

十进制数 23 转换成了二进制数 10111。

二进制 is:10111
请按任意键继续. . .

图 5-11 进制转换结果

3.C 语言实现

采用 C 代码实现进制转换的过程如下：

（1）在 VS 2010(2015)建立一个空工程，如图 5-12 所示。

（2）在新建的工程中新建 main.cpp 文件，main.cpp 是主函数入口，具体如图 5-13 所示。

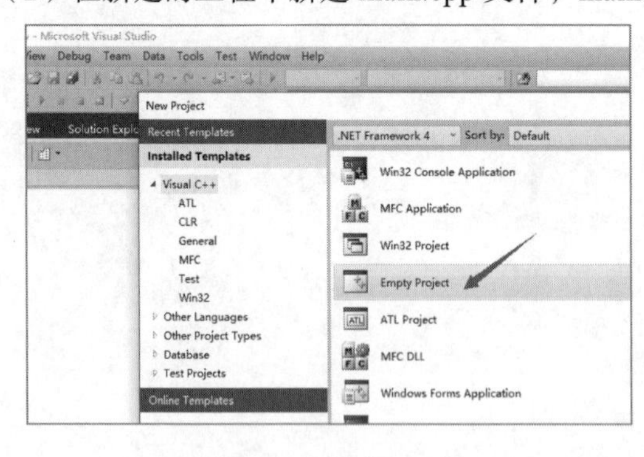

图 5-12 新建空工程

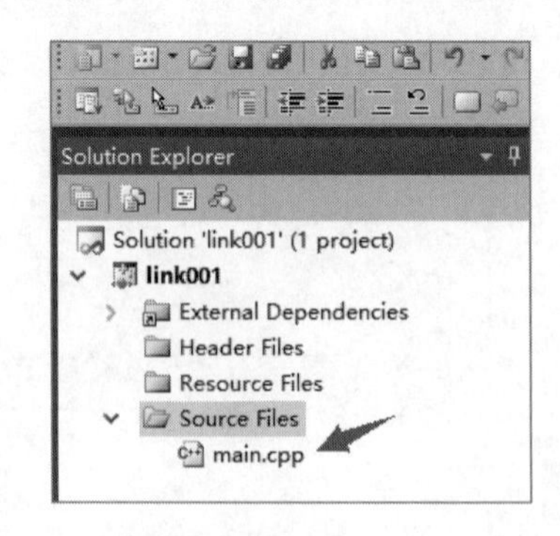

图 5-13 新建 main.cpp 文件

（3）输入 main.cpp 代码。

main.cpp 对应的代码如下：

```
#include <stdio.h>
#include <stdlib.h>
#include <process.h>
#define  MAX  50              //栈的最大容量

typedef struct Stack          //定义栈
{
   int top;
   int sa[MAX];
} RStack;

RStack init()                 //栈的初始化函数
{
   RStack *SS;
   SS=(struct Stack *)malloc(sizeof(struct Stack));
   SS->top=0;
   return(*SS);
}

void push(RStack *S,int x)  //进栈函数，因为要改变形参的值，必须使用指针或引用
{
   if(S->top==MAX)
   {
      printf("the stack is full");
      exit(0);
   }
   else
   {
      S->sa[S->top]=x;
      S->top++;
   }
}

int pop(RStack *S)            //出栈函数，因为要改变形参的值，必须使用指针或引用
{
   if(S->top==0)
   {
      printf("enpty,no element");
      exit(0);
   }
   else
   {
      return(S->sa[--S->top]);
   }
}

bool empty(RStack S)          //栈的判空函数，空返回 true，否则返回 false
{
   if(S.top==0)
   {
```

```
            return(true);
        }
        else
        {
            return(false);
        }
    }

    void convert(int x)             //进制转换函数
    {
        //代码需要完成
    }

     void main()
     {
        convert(23);                //把十进制数 23 转换成二进制数
        system("pause");
     }
```

程序运行结果如图 5-14 所示。

十进制数 23 转换成了二进制数 10111。

图 5-14　进制转换结果

思　考　题

把一个十进制数转换成十六进制数，例如：

$$(75)_{10}=(4b)_{16}$$

提示：此时仍然可以通过“辗转相除法”进行，因为十六进制数用'a'、'b' 、'c' 、'd' 、'e' 和 'f'表示 10、11、12、13、14 和 15，进栈时的余数都是整数，但是出栈时可能需要显示'a'、'b' 、'c' 、'd' 、'e' 和'f'这些字符，所以出栈显示时需要加个条件判断。其对应伪代码如下：

```
While(栈不为空)
{
    if(栈顶元素<=9)
        直接打印;
    else
    {
        如果是 10，打印'a';
        如果是 11，打印'b';
        如果是 12，打印'c';
        如果是 13，打印'd';
        如果是 14，打印'e';
        如果是 15，打印'f';
    }
}
```

具体过程如图 5-15 所示。

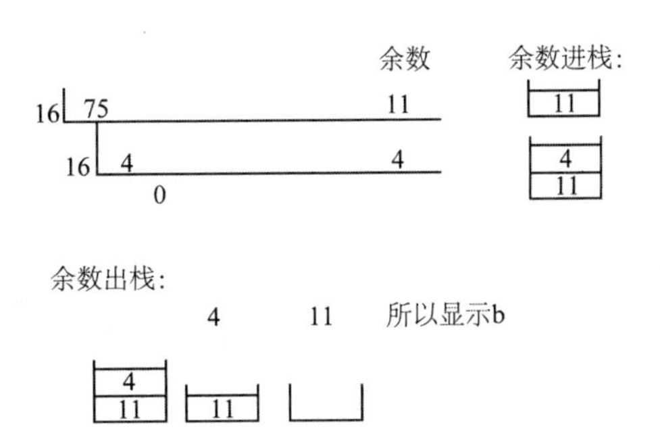

图 5-15　十进制数到十六进制数转换

实验 6　栈的应用：括号匹配

实验目的

（1）熟悉栈，掌握栈的基本概念。

（2）熟悉栈的操作。

（3）掌握使用栈实现括号匹配。

实验环境

硬件环境：通常的 PC、内存 4 GB 及以上，硬盘空闲空间 8 GB 及以上。

软件环境：Windows 系列操作系统、Eclipse（Editplus）、VS 2010 或者 VS 2015。

实验准备

括号匹配是指在一个字符串中的括号是成对的，起始不能出现右括号，左右括号不能相反，并且没有交叉，此时就称括号是匹配的。本实验只考虑小括号的匹配问题(没有交叉现象)，具体的例子如表 6-1 所示。

表 6-1　括号匹配类型

字　符　串	括号是否匹配
"（a（b）hh）"	匹配
"（h*（b）　"	右括号少了 1 个,不匹配
"（f））f（"	有两个括号位置相反，不匹配
"）b（b）"	起始出现右括号，不匹配

实验要求

给定一个字符串，判断此字符串中的小括号是否是匹配的。

实验分析

对于一个字符串，要发现其中的小括号，就必须从左到右访问字符串的每一个字符，若当前字符是右括号，右括号要和左括号进行匹配，就必须记录左括号，而右括号要和最近出现的左括号进行匹配，即最迟出现的左括号总是最先和右括号进行匹配。当括号匹配成功后，相关左括号就不需要再记录了，这个过程符合栈的先进后出的特性，所以使用栈来记录左括号。

具体匹配的伪代码如下：

```
新建一个栈，来记录左括号；
while（字符串没有访问完毕）
{
    if(当前字符是左括号)
          此括号进栈;
       else if(当前字符是右括号)
       {
           if（栈不空）
             栈顶元素出栈;
          else
            匹配失败，结束程序;
       }
       访问下一个字符;
}

if（栈空）
     匹配成功;
     Else
     匹配失败，结束程序;
```

对于表 6-1 中的 4 种情况，其对应判断过程如图 6-1 所示。

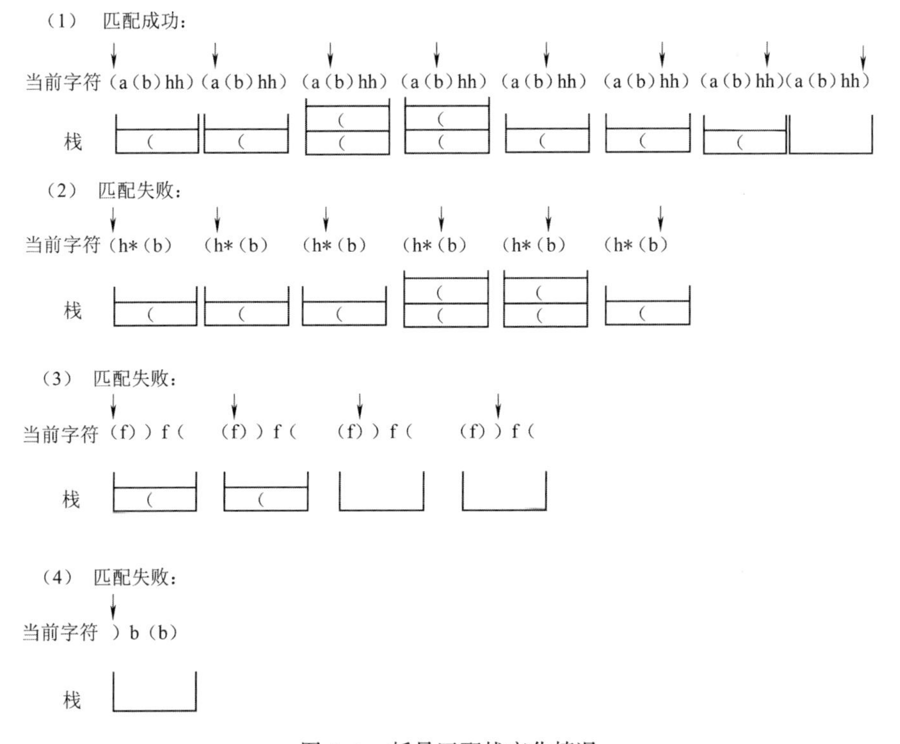

图 6-1　括号匹配栈变化情况

第 1 种情况中，字符串全部扫描完，栈也为空，匹配成功；第 2 种情况中，字符串全部扫描完，栈不为空，匹配失败；第 3 种情况中，字符串扫描时，当前字符为右括号，栈为空，匹配失败；第 4 种情况中，也是字符串扫描时，当前字符为右括号，栈为空，匹配失败。

代码实现

1.Java 语言实现

采用 Java 代码的实现过程如下：

（1）在 Eclipse 建立一个 Java 工程，具体如图 6-2 所示，工程名称为 Stack001。

（2）在新建的工程里新建 3 个类 stack01、SqStack 和 pipei，具体如图 6-3 所示。

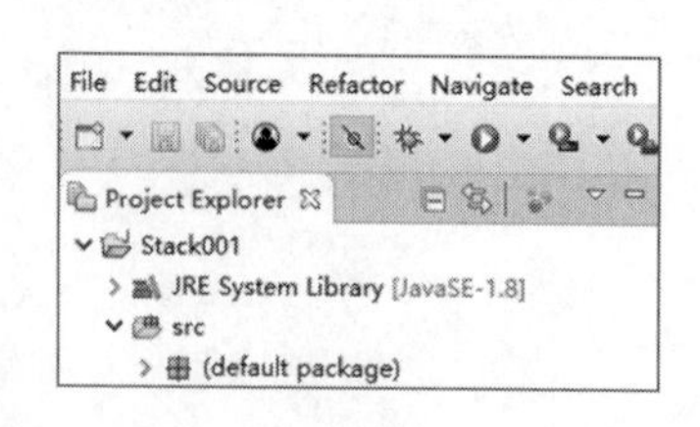

图 6-2　新建工程

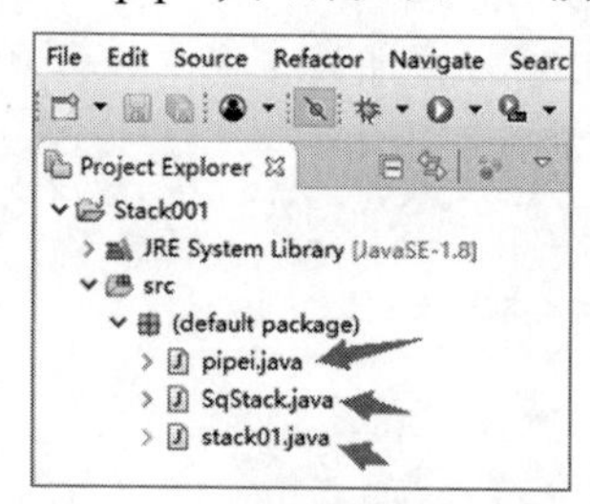

图 6-3　新建的 3 个类

SqStack 是关于栈类，其对应的代码如下：

```
//和实验 5 的栈类代码相似
public  class SqStack
{
    private char[]  sa;
    private int top;

    public SqStack(int max)
    {
        top=0;
        sa=new char[max];
    }

    public void clear()
    {
        top=0;
    }

    public int length()
    {
        return(top);
    }

    public boolean isEmpty()
    {
        return(top==0);
    }
```

```
    public int peek()
    {
        if(!isEmpty())
            return sa[top-1];
        else
            return(-1000);
    }

    public void push(char x) throws Exception
    {
        if(top==sa.length)
            throw new Exception("栈已经满了");
        else
            sa[top++]=x;
    }


    public char pop() throws Exception
    {
        if(isEmpty())
            throw new Exception("栈是空的");
        else
            return sa[--top];
    }
}
```

pipei 是进制转换的类，其对应的代码如下：

```
public class pipei {
public  SqStack T;                  //定义一个栈
public pipei()
{
   T=new SqStack(50);               //生成一个初始容量为50的栈
}

public boolean coincide(String str) throws Exception
{
    //需要补充代码
}
}
```

Stack01 是 main()函数入口类，其对应的代码如下：

```
public class stack01 {
public static void main(String args[]) throws Exception
{
    pipei S;
    S=new pipei();
    String st[];                    //定义一个字符串数组st
```

```
        st=new String[4]; //生成字符串数组 st,其 4 个元素代表 4 个需要检测的字符串
        st[0]="(a(b)hh)";
        st[1]="(f))f(";
        st[2]="(h*(b)";
        st[3]=")b(b)";

        for(int i=0;i<4;i++)   //对 4 个字符串进行匹配检测
        {
            if (S.coincide(st[i]))
                System.out.println(st[i]+": 匹配成功! ");
            else
                System.out.println(st[i]+": 匹配失败! ");
        }
    }
}
```

程序运行结果如图 6-4 所示。

第一种情况匹配成功，其余 3 种情况匹配失败。

```
<terminated> stack01 [Java Applic
(a(b)hh): 匹配成功!
(f))f(: 匹配失败!
(h*(b): 匹配失败!
)b(b): 匹配失败!
```

图 6-4 Java 程序运行结果

2.C++语言实现

采用 C++代码实现括号匹配的算法的过程如下：

（1）在 VS 2010(2015)建立一个空工程，如图 6-5 所示。

（2）在新建的工程中新建 stack.h 和 main.cpp 文件，如图 6-6 所示。

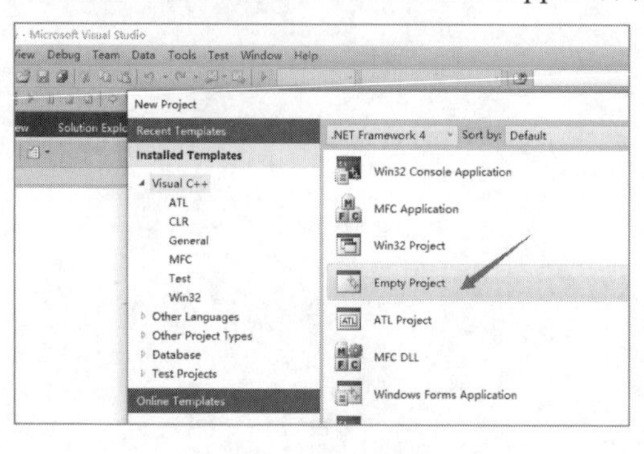

图 6-5　新建空工程

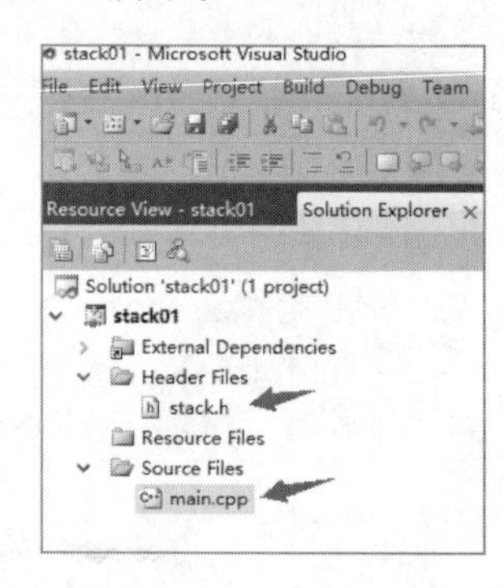

图 6-6　新建 2 个文件

（3）输入 stack.h 和 main.cpp 代码。

stack.h 是实现栈的文件，其对应的代码如下：

```
//代码类似于实验 5
#include<iostream>
#include<string>
#define N 100
using namespace std;

class  stack
{
public:
    char sa[N];
```

```
    int top;
    int max;
    void push(char x);
    char pop();
    bool empty();
    void clear();

    stack()
    {
        top=0;
        max=50;
    }

    ~stack()
    {
    }
};

void stack::push(char x)
{
   if(top==max)
   {
       cout<<"the stack is full";
       exit(0);
   }
   else
       sa[top++]=x;
}

char stack::pop()
{
   if(top==0)
   {
      cout<<"no element";
      exit(0);
   }
   else
   {
      return(sa[--top]);
   }
}

bool stack::empty()
{
    if(top==0)
    {
       return(true);
    }
```

```
    else
    {
        return(false);
    }
}

void stack::clear()                    //栈清 0
{
    top=0;
}
```

main,cpp 是主函数入口，其对应的代码如下：

```
#include "Stack.h"
#include <process.h>

bool pipei(char *s)                    //判断字符串中的括号是否匹配
{
    //代码需要补充
}

int main()
{
    char *st[4]; //用长度为 4 的指针数组存放 4 个字符串，因为每个字符串可以用一个指针表示
    st[0]=" (a(b)hh) ";
    st[1]=")b(b)";
    st[2]="(h*(b) ) ";
    st[3]=" (f ) )f (";

    for(int i=0;i<=3;i++)      //利用循环判断 4 个字符串是否匹配
    {
        cout<<st[i]<<":";
        if(pipei(st[i]))
        cout<<"匹配成功!"<<endl;
        else
            cout<<"匹配失败!"<<endl;
    }
    system("pause");
    return(0);
}
```

程序运行结果如图 6-7 所示。

第一种情况匹配成功，其余 3 种情况匹配失败。

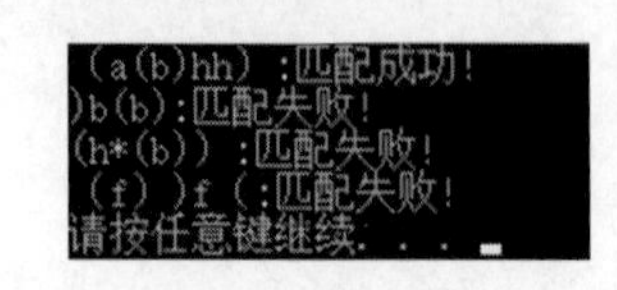

图 6-7　C++程序运行结果

3.C 语言实现

采用 C 代码实现扩号匹配的过程如下：

（1）在 VS 2010(2015)建立一个空工程，如图 6-8 所示。

（2）在新建的工程中新建 main.cpp 文件，main.cpp 是主函数入口，具体如图 6-9 所示。

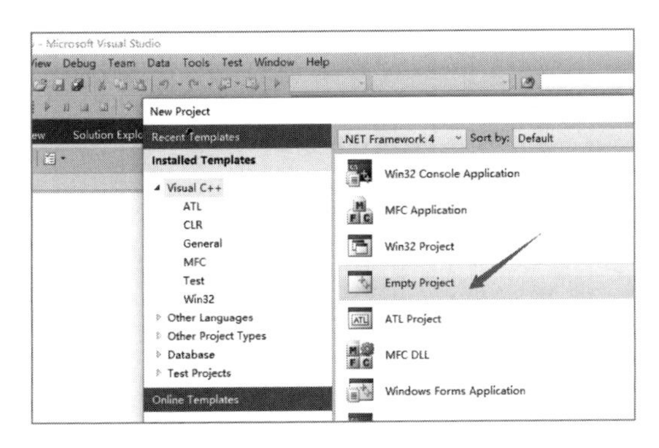

图 6-8　新建空工程

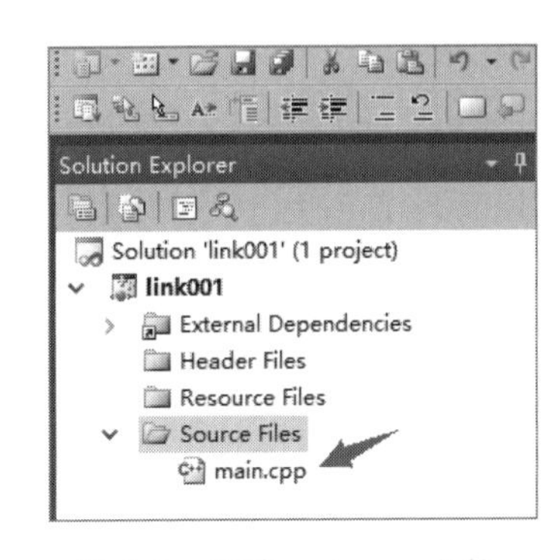

图 6-9　新建 main.cpp 文件

（3）输入 main.cpp 代码。

main.cpp 对应的代码如下：

```
#include <stdio.h>
#include <stdlib.h>
#include <process.h>
#define MAX 50
//栈定义和函数代码类似于实验 5
typedef struct Stack
{
    int top;
    char sa[MAX];
} RStack;

RStack init()
{
    RStack *SS;
    SS=(struct Stack *)malloc(sizeof(struct Stack));
    SS->top=0;
    return(*SS);
 }

void push(RStack *S,char x)
{
   if(S->top==MAX)
   {
      printf("the stack is full");
      exit(0);
   }
   else
   {
      S->sa[S->top]=x;
      S->top++;
   }
}

char pop(RStack *S)
```

```
{
    if(S->top==0)
    {
        printf("enpty,no element");
        exit(0);
    }
    else
    {
        return(S->sa[--S->top]);
    }
}

bool empty(RStack S)
{
    if(S.top==0)
    {
        return(true);
    }
    else
    {
        return(false);
    }
}

void clear(RStack *S)              //栈清空
{
    S->top==0;
}

bool pipei(char *s)                //字符串匹配函数
{
    //需要补充代码
}

 void main()
 {
     char *st[4];
     st[0]="(a(b)hh)";
     st[1]=")b(b)";
     st[2]="(h*(b))";
     st[3]="(f))f(";

     for(int i=0;i<=3;i++)        //检测4个字符串匹配情况。
     {
         printf("%s",st[i]);
         printf(":");

         if(pipei(st[i]))
             printf("匹配成功!\n");
         else
```

```
            printf("匹配失败!\n");
        }
        system("pause");
    }
```

程序运行结果如图 6-10 所示。

第一种情况匹配成功，其余 3 种情况匹配失败。

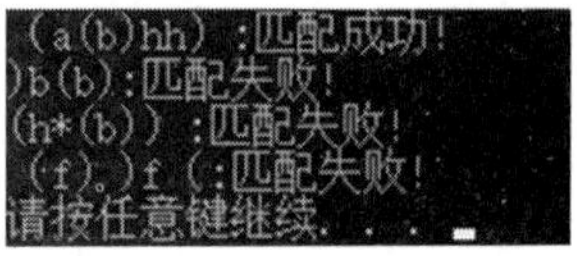

```
(a(b)hh) :匹配成功!
)b(b):匹配失败!
(h*(b)) :匹配失败!
(f).)f (:匹配失败!
请按任意键继续. . .
```

图 6-10　C 程序运行结果

思 考 题

检测一个字符串是否是左右对称的,例如，abba 是左右对称的，ab 不是左右对称的。

提示： 先把字符串的每个字符都压入栈，然后进行出栈，第一个出栈元素和字符串第一个字符进行比较，如果不相等，字符串不对称，程序结束；如果相等，第二个出栈元素和字符串第二个字符进行比较。依此类推，如果到最后一个出栈元素和字符串最后一个字符也相等，则说明此字符串是对称的。具体过程如图 6-11 所示。

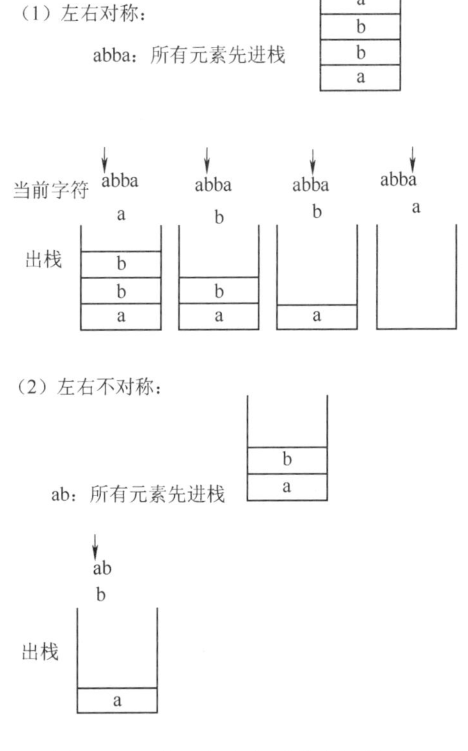

图 6-11　字符串左右对称判断图示

实验 7　队列的应用：约瑟夫环问题

实验目的

（1）熟悉队列，掌握队列的基本概念。

（2）熟悉队列的操作。

（3）掌握使用队列实现约瑟夫环问题。

实验环境

硬件环境：通常的 PC、内存 4 GB 及以上，硬盘空闲空间 8 GB 及以上。

软件环境：Windows 系列操作系统、Eclipse（Editplus）、VS 2010 或者 VS 2015。

实验准备

1.队列的定义

队列是一种特殊的线性表，特殊之处在于：增加元素只能在队列的一端进行，删除元素也只能在队列的一端进行，增加元素的一端称为队尾，删除元素的一端称为队首。在队列中增加元素称为进队，在队列中删除元素称为出队。因为元素在队尾入队，在队首出队，所以对于一个进队列的元素序列，队列有先进先出的特点，具体如图 7-1 所示。

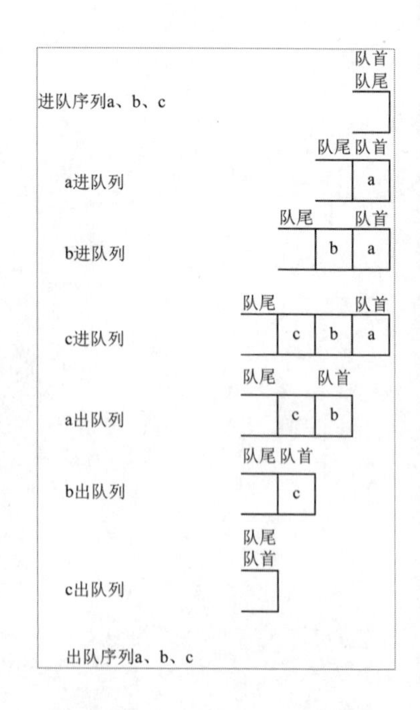

图 7-1　进队列和入队列示意图

2.队列的实现

队列可以通过顺序表和链表实现，本实验通过顺序表来实现队列。队列有 3 个特征值：队首、队尾和队列最大长度。队首一般用 front 表示，指第一个元素的位置；队尾用 rear 表示，指最后一个元素后面的位置；队列最大长度指队列最多能够存储的元素个数，一个队列的示意图如图 7-2 所示。

上述队列中 front=0, rear=3,队列最大长度为 5，当前队列为虚线框所示，其包含 3 个元素，如果对于上述队列发生 a、b、c 出队列，e 和 f 进队列的动作，进队列时 rear 值加 1，出队列时 front 值加 1，此时队列示意图如图 7-3 所示。

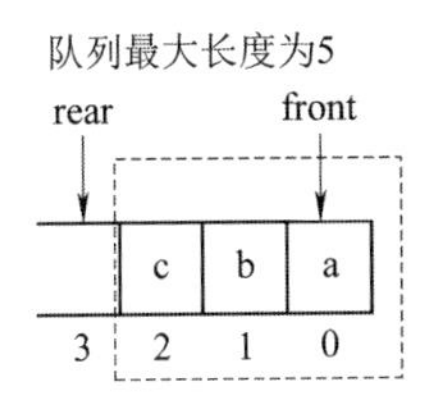

图 7-2 队列示意图

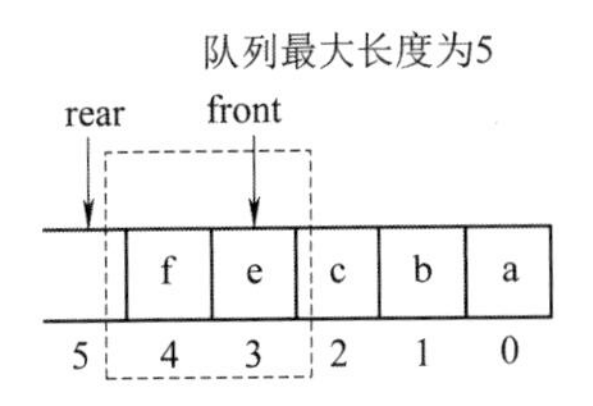

图 7-3 队列示意图

上述队列中 front=3, rear=5,队列最大长度为 5，当前队列为虚线框所示，其包含 2 个元素，此时 rear 值为 5，已经达到最大值，新元素将不能入队列。但此时队列中只有两个元素，这就产生了队列未满却不能入队列的现象，这种现象称为“假溢出”现象，需要通过循环队列解决。

循环队列也是一种逻辑构造的环形结构，其主要通过相关模运算实现，其示意图如图 7-4 所示。

图 7-4 中有一个队列最大长度为 5 的环形队列，但是初始状态 rear=front,在队列满的时候也是 front=rear,这样就造成了二义性，解决此问题是通过牺牲一个存储空间，例如，图 7-4 中队列最多可以存储 5 个元素，其需要 6 个存储空间，具体如图 7-5 所示。

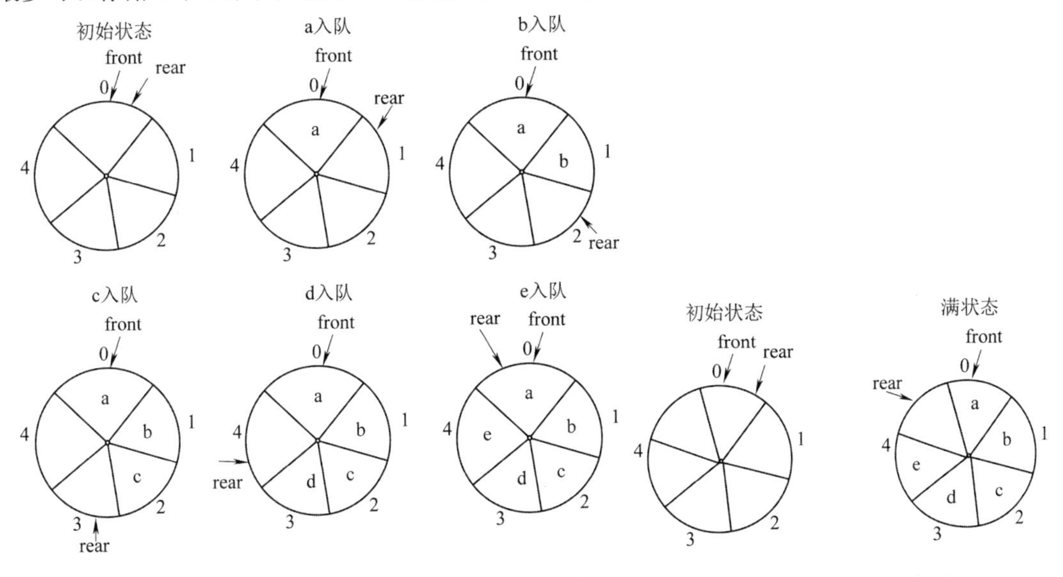

图 7-4 循环队列示意图 1

图 7-5 循环队列示意图 2

初始状态 rear=front,在队列满的时候是（rear+1）%6=front,这样就消除了二义性，环形队列就是通过这个整除的模运算实现的，模运算可以使 rear 和 front 在队列还有空间的前提下进行“返回”，这样就避免了“假溢出”现象。

循环队列在物理上是不存在的，它是利用模运算这种逻辑规则实现的，除了判断队列满以外，进队、出队和计算队列内的实际元素个数都需要利用模运算。

假设循环队列的存储空间从 0 到 max-1 沿顺时针方向共 max 个，则进队列的模运算如图 7-6 所示。

出队列的模运算如图 7-7 所示。

（1）rear<max-1时，元素入队列时rear=rear+1

初始状态：阴影的存储单元表示已经被使用　　一元素入队列后

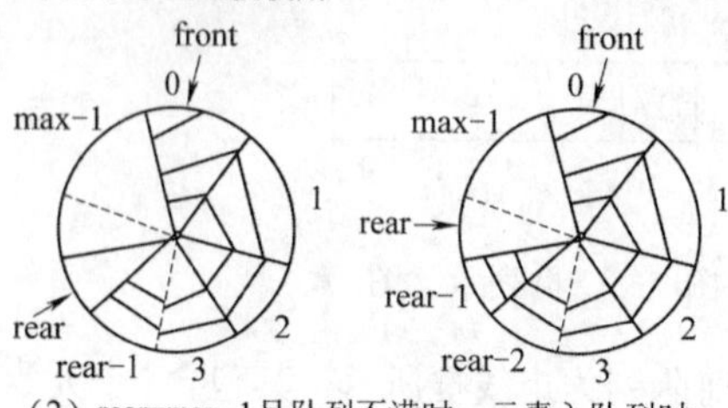

（2）rear=max-1且队列不满时，元素入队列时 rear=（rear+1）% max=0

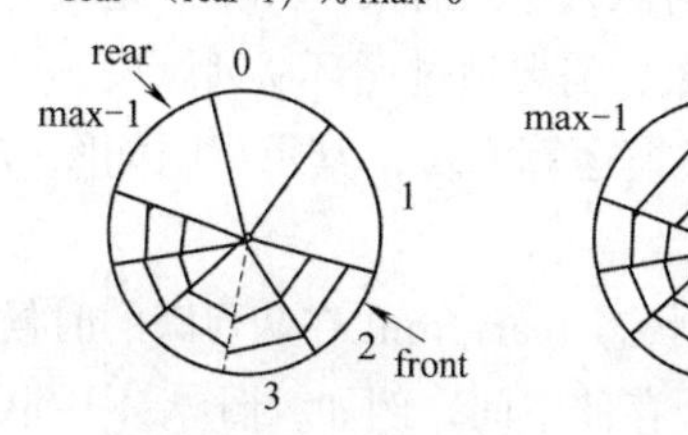

上述两种情况的可以合并为：rear=（rear+1）% max。因为当rear<max-1时，元素入队列时rear=rear+1，此时rear<max-1，rear+1<max,则（rear+1）%max=rear+1，所以此时：rear=（rear+1）% max

图 7-6　进队列模运算

（1）front<max-1时，元素入队列时front=front+1

初始状态：阴影的存储单元表示已经被使用　　一元素出队列后

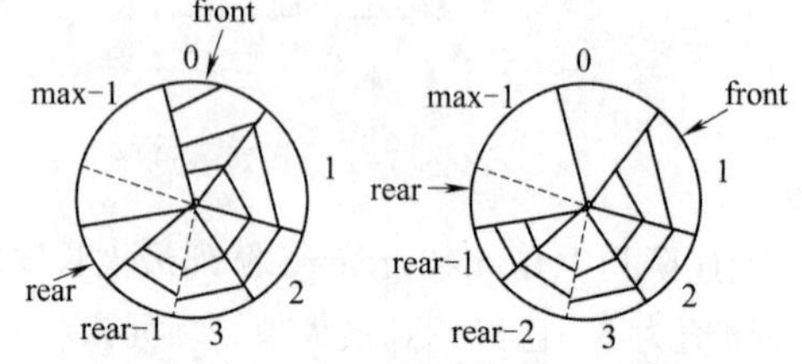

（2）front=max-1且队列不满时，元素入队列时 front=（front+1）% max=0

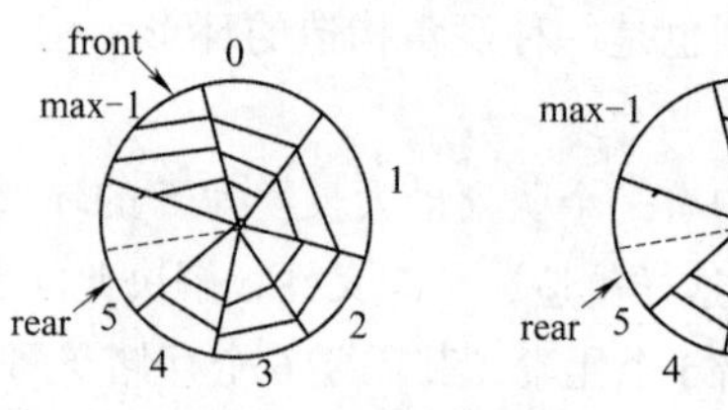

与进队相似，上述两种出队情况的可以合并为：front=（front+1）% max

图 7-7　出队列模运算

计算队列中元素个数的模运算如图 7-8 所示。

（1）front<=rear时，元素个数为rear-front

阴影的存储单元表示已经被使用，存储单元顺时针计数

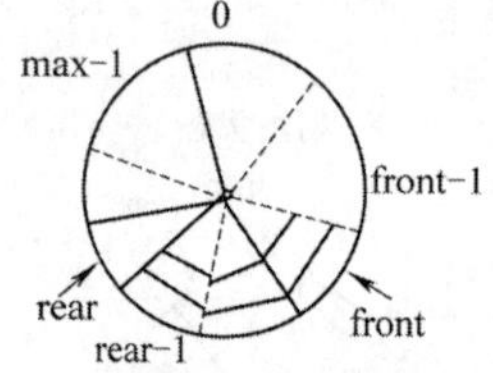

从0到rear-1共rear个存储单元；从0到front-1共front个存储单元。阴影部分存储单元个数为：rear-front，一个存储单元对应一个元素，所以元素个数也是：rear-front

（2）front>rear时，元素个数为rear-front+max

阴影的存储单元表示已经被使用，存储单元顺时针计数

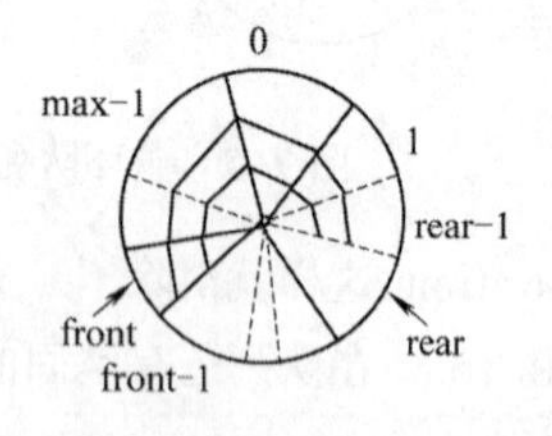

从0到rear-1共rear个存储单元；从0到front-1共front个存储单元。空闲部分（无阴影）存储单元个数为：front-rear，阴影部分的存储单元个数为总长度减空闲部分存储单元个数：

max-（front-rear）

等于 max+rear-front

一个存储单元对应一个元素，所以元素个数也是 max+rear-front

这两种情况结果可以合并为：（rear-front+max）%max。

因为（1）front<=rear时，元素个数为rear-front，0<rear-front<max，所以（rear-front+max）%max=rear-front。

（2）front>rear时，元素个数为rear-front+max，0<rear-front+max<max，所以（rear-front+max）%max=rear-front+max；

故可以合并为（rear-front+max）%max

图 7-8　循环队列计算元素个数模运算

3.约瑟夫环问题

有 $a_{(1)}$；$a_{(2)}$；$a_{(3)}$,…,$a_{(n)}$共 n 个小朋友做成 1 圈，$a_{(1)}$从 1 开始报号，$a_{(2)}$报 2，$a_{(3)}$报 3，依此类推，$a_{(k)}$报 k 后立即退出圆圈($k \leqslant n$)，接着 $a(k+1)$从 1 报号，$a(k+2)$报 2，依次类推，报到 k 的小朋友立即出局，下一个又从 1 开始报数，圈中还剩一个小朋友时游戏结束，最后一个小朋友就是胜利者，约瑟夫环问题就是求最后一个胜利者是谁。

实验要求

编写（n=6，k=3）的约瑟夫环求解算法。

实验分析

有 n=6 个小朋友坐成 1 圈，则这 6 个小朋友对应的数据元素需要使用环形存储结构进行存储，环形存储结构有循环队列和循环链表，本例子中使用循环队列实现。具体过程如图 7-9 所示。

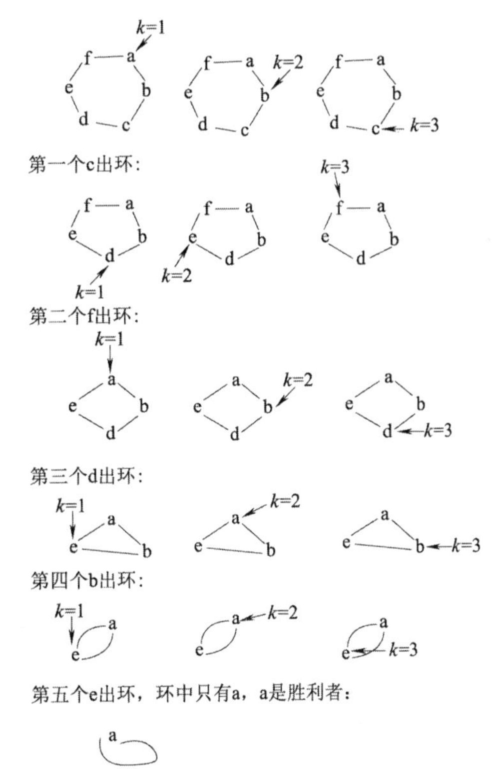

图 7-9　（n=6，k=3）的约瑟夫环求解过程

利用循环队列的求解伪代码如下：

```
//设置一个定时器初值为 1
while(Q 的队列长度大于 1)
{
    队列进行出队操作，保存出队元素 t;
    if (定时器小于 3)
    {
        上一步出队元素 t 入队;
        定时器加 1;
    }
    Else
    {
        输出 t;
        定时器恢复初值 1
    }
    }
    输出胜利者;
}
```

具体过程如图 7-10 所示。

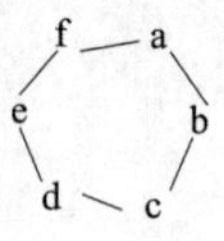

所有元素按顺序进队列（队列其实也是环形的，为了表示方便，没有画全）

队尾 队首

f	e	d	c	b	a

定时器*k*为1 ↓*k*=1

f	e	d	c	b	a

a出队、a进队，*k*加1 ↓*k*=2

a	f	e	d	c	b

b出队、b进队，*k*加1 ↓*k*=3

b	a	f	e	d	c

c退出，*k*恢复为1，以下类似 ↓*k*=1

b	a	f	e	d

↓*k*=2

d	b	a	f	e

↓*k*=3

e	d	b	a	f

f退出 ↓*k*=3

e	d	b	a	f

↓*k*=1

e	d	b	a

↓*k*=2

a	e	d	b

↓*k*=3

b	a	e	d

d退出 ↓*k*=1

b	a	e

↓*k*=2

e	b	a

↓*k*=3

a	e	b

b退出 ↓*k*=1

a	e

↓*k*=2

e	a

↓*k*=3

a	e

e退出，a胜利 ↓*k*=1

a

图 7–10　循环队列求解约瑟夫环过程

代码实现

1.Java 语言实现

采用 Java 代码的实现过程如下：

（1）在 Eclipse 建立一个 Java 工程，具体如图 7–11 所示，工程名称为 Jqueue1。

（2）在新建的工程里新建 3 个类 Jesus、Jqueue 和 queue，具体如图 7–12 所示。

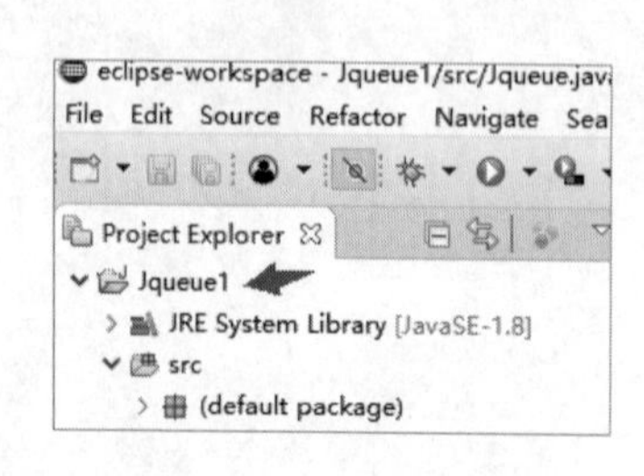

图 7–11　新建工程

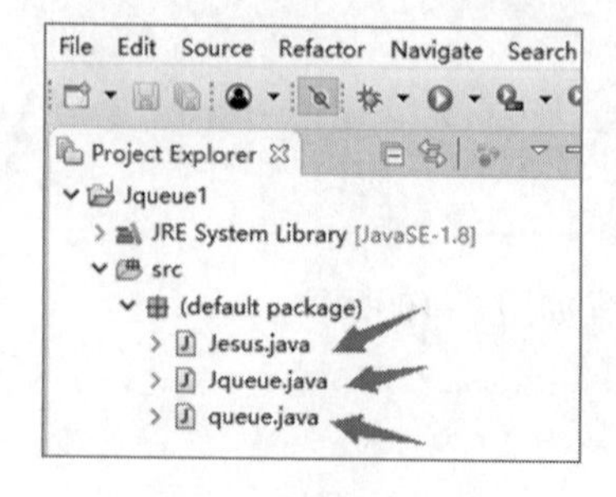

图 7–12　新建的 3 个类

queue是关于队列的类，其对应的代码如下：

```
//队列类
public class queue
{
   public char qu[];                        //组成队列的数组
   public int front,rear,max;               //队首、队尾和队列最大长度加1
   public queue()                           //生成队列
   {
         qu=new char[100];                  //数组最大长度100
         max=50;                            //队列最大长度50-1=49
         front=0;                           //队首为0
         rear=0;                            //队尾为0
   }

   public void offer(char x)                //进队函数，用模运算实现循环队列
   {
      if ((rear+1)%max==front)
      {
         System.out.print("队列已满");
         System.exit(0);
           return;
      }
      else
         qu[rear]=x;

         rear=(rear+1)%max;
   }

   public char poll()                       //出队函数，用模运算实现循环队列
   {
      if (front==rear)
       {
         System.out.print("队列为空");
         System.exit(0);
         return('n');
       }
      else
       {
         char t=qu[front];
         front=(front+1)%max;
         return(t);
       }
   }

   public int length()                      //求队列长度函数，用模运算实现循环队列
   {
      return((max+rear-front)%max);
   }
```

```
    public char peek()                          //求队尾元素，队尾前一个位置的元素
    {
       if (front==rear)
        {
           System.out.print("队列为空");
           System.exit(0);
           return('n');
        }
       else
          return(qu[rear-1]);
    }
    public boolean empty()                      //判断队列是否为空，空返回 true，否则是 false
    {
       if(rear==front)
          return(true);
       else
       return(false);
    }
    public void clear()                         //将队列置空
    {
       front=0;
       rear=0;
    }
}
```

Jesus 是求解约瑟夫环问题的类，其对应的代码如下：

```
public class Jesus
{
    public void jesu( )
    {
       queue Q;                                 //定义循环队列
       Q=new queue();                           //生成循环队列

       for(char i='a';i<='f';i++)               //6 个数据元素进队列
       {
           Q.offer(i);
       }

       //需要补充相关代码
    }
}
```

Jqueue 是 main()函数入口类，其对应的代码如下：

```
public class Jqueue {

    public static void main(String[] arr){
        Jesus A=new Jesus();        //生成 Jesus 对象
        A.jesu();                   //求解约瑟夫环问题
    }
}
```

程序运行结果如图 7-13 所示。

c、f、d、b 和 e 依次出队列，a 是最后的胜利者。

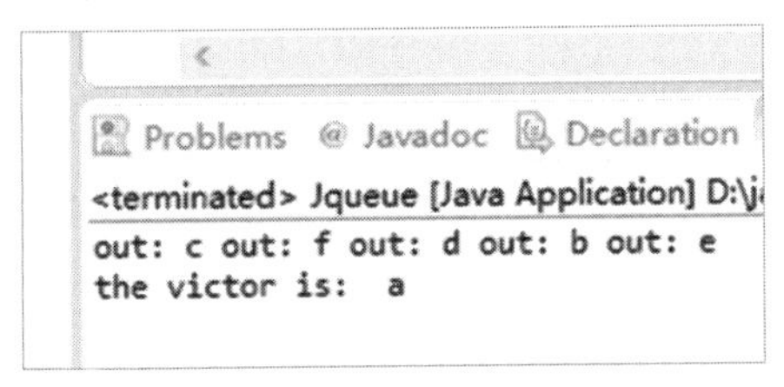

图 7-13　Java 程序运行结果

2.C++语言实现

采用 C++代码实现括号匹配的算法的过程如下：

（1）在 VS 2010(2015)建立一个空工程，如图 7-14 所示。

（2）在新建的工程中新建 queue.h 和 main.cpp 文件，如图 7-15 所示。

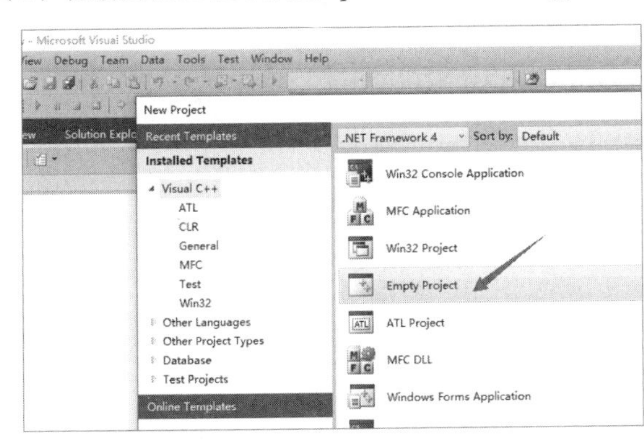

图 7-14　新建空工程

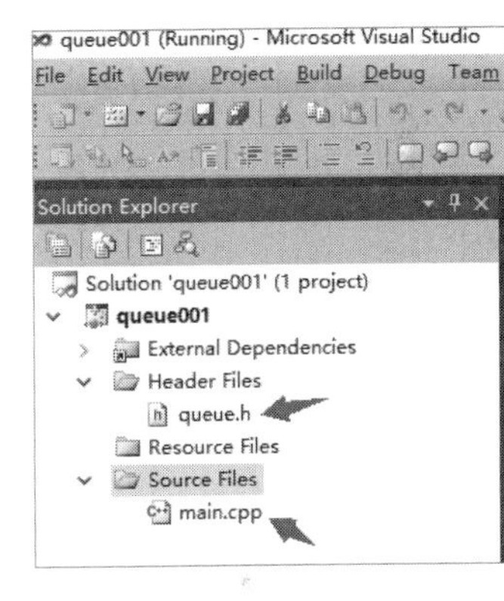

图 7-15　新建 2 个文件

（3）输入 queue.h 和 main.cpp 代码。

queue.h 是实现循环队列的文件，其对应的代码如下：

```
//循环队列
#include<iostream>
#include<string>
#define N 100
using namespace std;

class queue
{
public:
   char qu[N];
   int front,rear,max;
   queue()
   {
      max=50;
      front=0;
      rear=0;
   }
```

```
    ~queue()
    {
    }

    void offer(char x);
    char poll();
    int length();
    char peek();
    bool empty()
    {
        if(rear==front)
            return(true);
        else
            return(false);
    }
    void clear()
    {
        front=0;
        rear=0;
    }
};

void queue::offer(char x)
{
    if ((rear+1)%max==front)
    {
        cout<<"队列已满";
        exit(0);
    }
    else
        qu[rear]=x;

        rear=(rear+1)%max;
    }

char queue::poll()
{
    if (front==rear)
    exit(0);
    else
    {
        char t=qu[front];
        front=(front+1)%max;
        return(t);
    }
 }
char queue::peek()
{
    if (front==rear)
```

```
        exit(0);
    else
        return(qu[rear-1]);
}

int queue::length()
{
    return((max+rear-front)%max);
}
```

Main.cpp 是主函数入口，其对应的代码如下：

```
#include "queue.h"
#include <process.h>

 void jesus( )
{
  queue Q;
  for(char i='a';i<='f';i++)
  {
      Q.offer(i);
  }

  //代码需要补充
}

int main()
{
    jesus();
    system("pause");
    return(0);
}
```

程序运行结果如图 7–16 所示。

```
D:\code\C++\实验7\queue001\Debug\queue001.exe
out:c  out:f  out:d  out:b  out:e
the victor is:a请按任意键继续. . .
```

图 7–16　C++程序运行结果

c、f、d、b 和 e 依次出队列，a 是最后的胜利者。

3. C 语言实现

采用 C 代码的实现过程如下：

（1）在 VS 2010(2015)建立一个空工程，如图 7–17 所示。

（2）在新建的工程中新建 main.cpp 文件，main.cpp 是主函数入口，具体如图 7–18 所示。

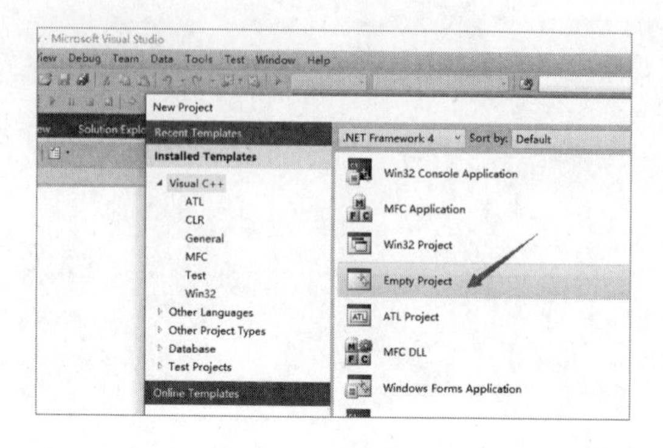

图 7-17　新建空工程

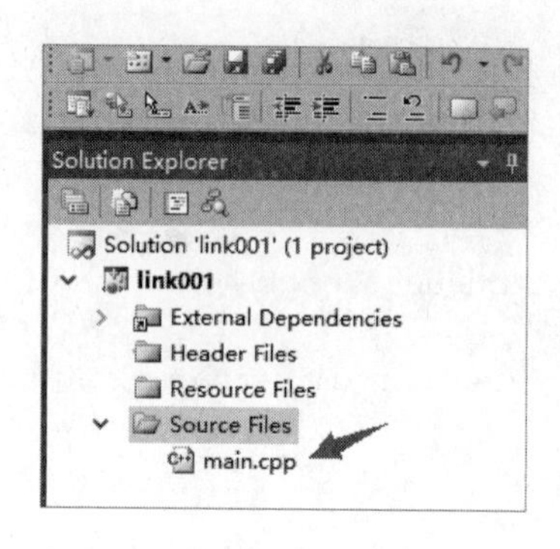

图 7-18　新建 main.cpp 文件

（3）输入 main.cpp 代码。

main.cpp 对应的代码如下：

```
#include <stdio.h>
#include <stdlib.h>
#include <process.h>
#include<string>
#define N 100                               //组成队列数组最大长度

typedef struct Queue                        //定义队列
{
    int front,rear;                         //队首和队尾
    char qu[N];
    int max;                                //最大长度加 1
} RQueue;

RQueue init()                               //生成队列
{
    RQueue *SS;
    SS=(struct Queue *)malloc(sizeof(struct Queue));
    SS->front=0;
    SS->rear=0;
    SS->max=50;
    return(*SS);
}

bool empty(RQueue Q)                        //判断队列是否为空
{
    if(Q.rear==Q.front)
      return(true);
    else
      return(false);
}

void clear(RQueue *Q)                       //清空队列
{
    Q->front=0;
```

```
    Q->rear=0;
}

void offer(RQueue *Q,char x)      //模运算实现循环队列的入队列
{
    if ((Q->rear+1)%Q->max==Q->front)
    {
        printf("队列已满");
        exit(0);
    }
    else
        Q->qu[Q->rear]=x;

        Q->rear=(Q->rear+1)%Q->max;
}

char poll(RQueue *Q)              //模运算实现循环队列的出队列
{
    if (Q->front==Q->rear)
    exit(0);
    else
    {
        char t=Q->qu[Q->front];
        Q->front=(Q->front+1)%Q->max;
        return(t);
    }
 }

char peek(RQueue *Q)              //取队尾元素，队尾前一个位置对应的元素
{
    if (Q->front==Q->rear)
        exit(0);
    else
        return(Q->qu[Q->rear-1]);
}

int length(RQueue *Q)             //模运算求循环队列的长度
{
    return((Q->max+Q->rear-Q->front)%Q->max);
}

 void jesus( )
{
    RQueue Q;                     //定义循环队列
    Q=init();                     //生成循环队列
    for(char i='a';i<='f';i++)    //初始化循环队列，'a'、'b'、'c'、'd'、'd'、'f'
                                  //进队列
    {
        offer(&Q,i);
```

```
    }

   //代码需要补充
}

void main()
{
    jesus();                          //约瑟夫问题求解
    system("pause");
}
```

程序运行结果如图 7-19 所示。

c、f、d、b 和 e 依次出队列，a 是最后的胜利者。

```
out:c out:f out:d out:b out:e
the victor is:a请按任意键继续.
```

图 7-19　C 程序运行结果

思 考 题

请尝试使用循环链表求解 n=8，k=4 的约瑟夫环问题。

提示：可以参照列伪代码实现。

```
生成长度为 8 的循环链表;
访问第一个元素，设置计数器初值为 1;
while(循环链表中的元素个数大于 1)
    {
        访问当前元素的直接后继，计数器加 1;
        if(计数器等于 4)
        {
            显示并删除当前元素;
            访问被删除元素的直接后继;
            计数器等于 1;
        }
    }
打印循环链表中最后一个元素;
```

实验 8 二叉树的建立

实验目的

（1）熟悉二叉树，掌握二叉树的基本概念。

（2）熟悉二叉树的遍历操作。

（3）掌握建立二叉树的方法。

实验环境

硬件环境：通常的 PC、内存 4 GB 及以上，硬盘空闲空间 8 GB 及以上。

软件环境：Windows 系列操作系统、Eclipse（Editplus）、VS 2010 或者 VS 2015。

实验准备

1.二叉树的定义

二叉树是一种非线性的逻辑结构，其特点是二叉树中的一个结点最多有两个直接后继，这两个直接后继是有顺序关系的，一个称为左子树，另一个称为右子树。左右子树本身也是二叉树，所以二叉树是一种递归的逻辑结构，具体如图 8-1 所示。

二叉树 T_6 的两个左右子树 T_5 和 T_4 都是二叉树，二叉树 T_5 的左子树 T_1 也是二叉树，二叉树 T_4 的两棵子树 T_2 和 T_3 也是二叉树。

2.二叉树的存储

二叉树的一个结点可能会有两个直接后继，所以二叉树的一个结点需要记录其左右子树的情况。二叉树一般采取二叉链表进行存储，一个结点有 3 个数据项：一个是数据域，存取结点本身的信息；另外两个是地址域，存取左右子树的存储地址。因为一棵二叉树是以其根结点作为特征值的，所以这两个地址域存取其左右子树根结点的存储地址。如果没有左右子树，这两个地址域就用空地址（NULL）表示。图 8-1 中的二叉树具体的二叉链表存储图如图 8-2 所示。

二叉链表也是一种逻辑构造的存储结构，其对应的真实物理存储结构如表 8-1 所示（表中的十六进制地址都是假设的，由操作系统分配）。

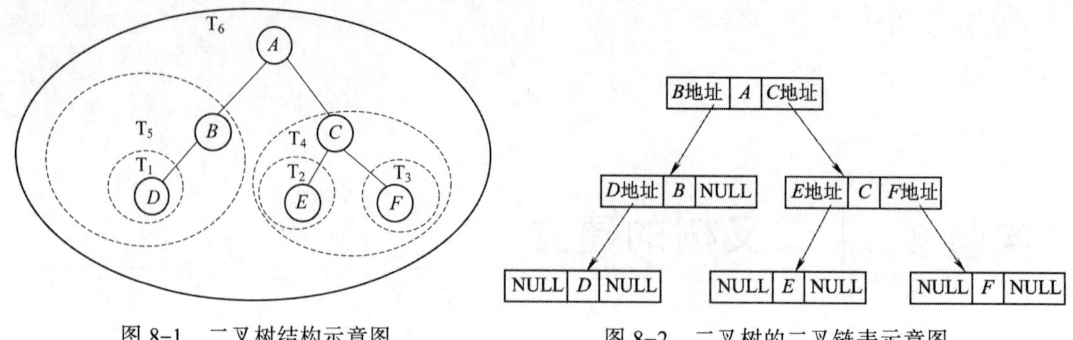

图 8-1　二叉树结构示意图　　　　图 8-2　二叉树的二叉链表示意图

表 8-1　二叉链表的物理存储

存储地址	结点		
	数据项	左子树	右子树
0x52341111	*A*	0x2222123a	0x3333124b
0x2222123a	*B*	0x50501111	0x00000000
0x3333124b	*C*	0x1111887c	0x444433b2
0x50501111	*D*	0x00000000	0x00000000
0x1111887c	*E*	0x00000000	0x00000000
0x444433b2	*F*	0x00000000	0x00000000

进一步细化的二叉链表如图 8-3 所示。

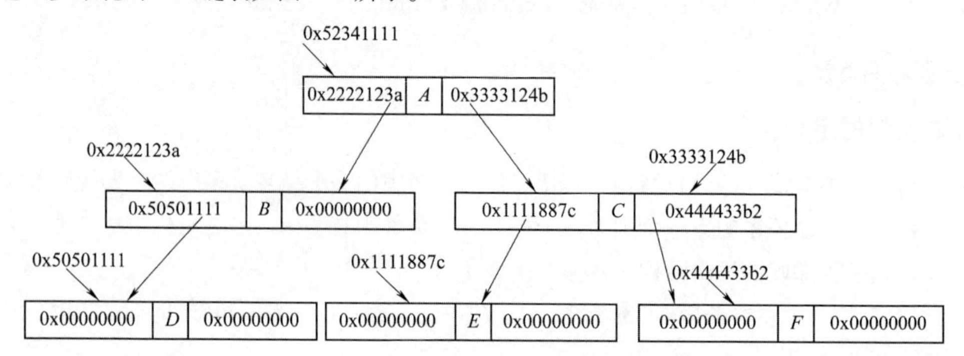

图 8-3　二叉树细化的二叉链表示意图

3.二叉树的静态建立

二叉树的建立首先要建立结点，对于图 8-3 中的二叉树，需要建立 6 个结点，然后对每个结点的 1 个数据域和 2 个地址域进行赋值，把这 6 个结点连接成一棵二叉树即可。

4.二叉树的遍历

二叉树建立好之后，需要对二叉树进行访问，二叉树遍历就是对二叉树进行访问，而且每个结点有且只访问一次。

因为二叉树不是线性的，所以其访问的顺序有多种，二叉树常见的遍历方式有先序遍历、中序遍历、后续遍历和层次遍历，本实验将使用先序遍历。先序遍历指先访问根结点，第二访问左子树，第三访问右子树。第二步访问左子树时，因为左子树也是一棵二叉树，对于左子树也要执行先序遍历，就是先访问左子树的根结点，第二访问左子树的左子树，第三访问左子树的右子树，直到子树的根对应的左右子树都为空。树的遍历可以通过递归实现，其对应的伪代码如下：

```
遍历一棵二叉树
{
  if (根结点不为空)
  {
        访问根结点数据;
        遍历根结点的左子树;
        遍历根结点右子树;
  }
}
```

图 8-1 中遍历树的先序过程如图 8-4 所示。

很明显，二叉树的先序遍历序列为：*A*、*B*、*D*、*C*、*E*、*F*。

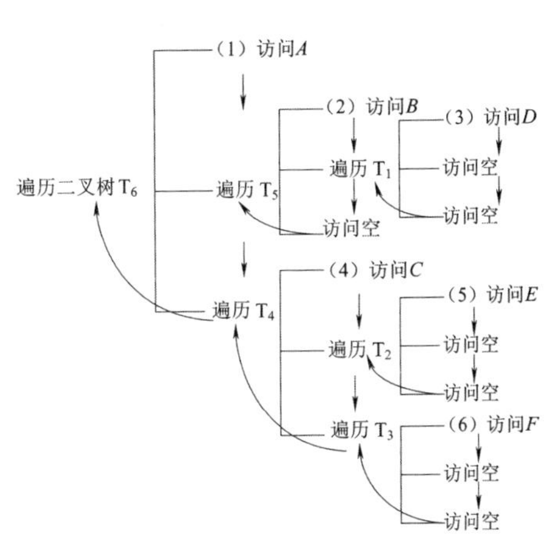

图 8-4　二叉树先序访问过程

实验要求

静态建立一棵如图 8-1 所示的二叉树，并使用递归写出其对应的先序遍历算法。

实验分析

先建立 6 个二叉树的结点，并对这 6 个结点的 3 个域进行赋值构建一棵二叉树，按照访问根结点、访问左子树和访问右子树的顺序写出其递归先序算法。

代码实现

1.Java 语言实现

采用 Java 代码的实现过程如下：

（1）在 Eclipse 建立一个 Java 工程，具体如图 8-5 所示，工程名称为 tree001。

（2）在新建的工程里新建 3 个类 Tree、TreeNode 和 Treetest，具体如图 8-6 所示。

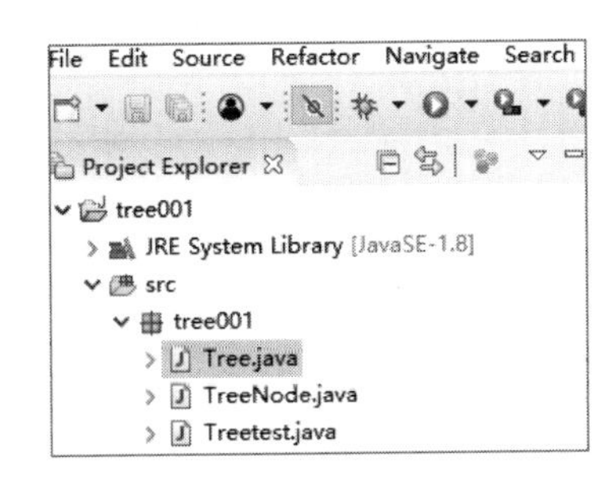

图 8-5　新建工程

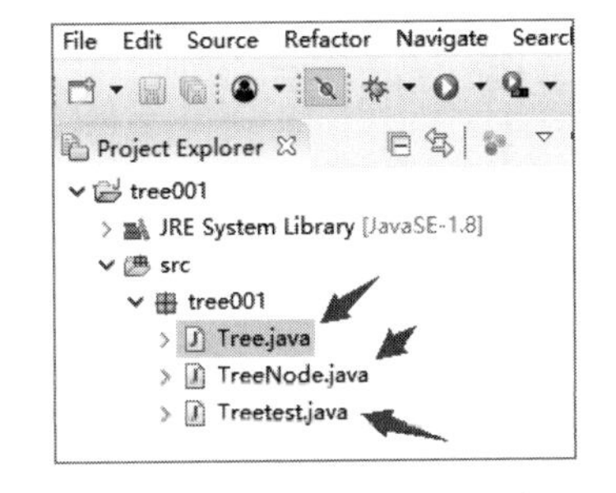

图 8-6　新建的 3 个类

TreeNode 是关于队列的类，其对应的代码如下：

```
public class TreeNode {
    public char data;                                  //数据域
```

```
        public TreeNode lchild,rchild;              //左右孩子地址域
    public TreeNode(char data)                      //生成叶子结点
    {
        this.data=data;
        this.lchild=null;
        this.rchild=null;
    }
    TreeNode(char data,TreeNode m,TreeNode n)       //生成非叶子结点
    {
        this.data=data;
        this.lchild=m;
        this.rchild=n;
    }
}
```

Tree 是关于二叉树的类，其对应的代码如下：

```
public class Tree {
    public TreeNode root;                           //根结点地址，二叉树的特征值
    public Tree()                                   //生成二叉树
    {
            //代码需要完成
    }

    public void preorder(TreeNode p)                //前序打印二叉树全部结点
    {
      //代码需要完成
    }
}
```

Treetest 是 main()函数的入口类，其对应的代码如下：

```
public class Treetest {
   public static void main(String[] arr){
      Tree AAA=new Tree();                          //生成二叉树
      AAA.preorder(AAA.root);                       //前序打印二叉树
      System.out.println();
   }
}
```

程序运行结果如图 8-7 所示。

Problems @ Javadoc
<terminated> Treetest [Java
->A->B->D->C->E->F

图 8-7　Java 程序运行结果

2.C++语言实现

采用 C++代码的实现过程如下：

（1）在 VS 2010(2015)建立一个空工程，如图 8-8 所示。

（2）在新建的工程中新建 Tree.h、TreeNode.h 和 main.cpp 文件，如图 8-9 所示。

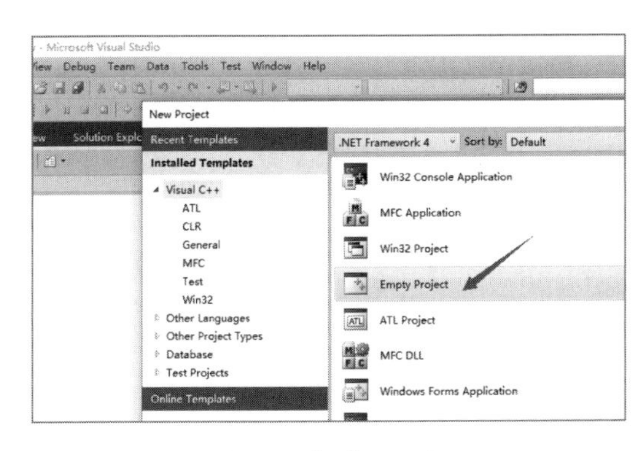

图 8-8　新建空工程

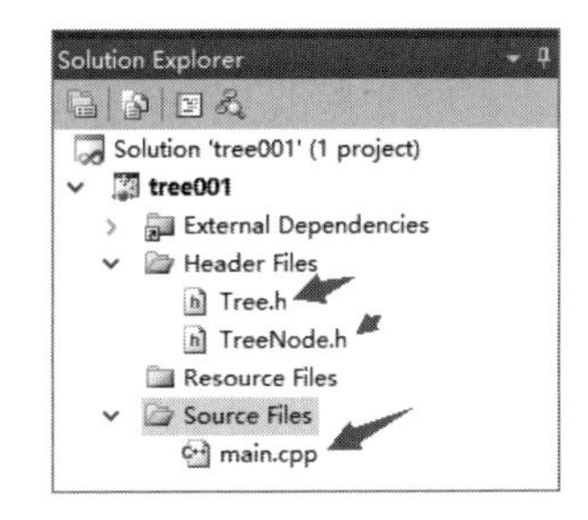

图 8-9　新建 3 个文件

（3）输入 Tree.h、TreeNode.h 和 main.cpp 代码。

TreeNode.h 是实现二叉树结点的文件，其对应的代码如下：

```
#include <iostream>
using namespace std;
class TreeNode
{
public:
    char data;
    TreeNode *lchild,*rchild;
    TreeNode(char data)
    {
        this->data=data;
        this->lchild=NULL;
        this->rchild=NULL;
    }
    TreeNode(char data,TreeNode *m,TreeNode *n)
    {
        this->data=data;
        this->lchild=m;
        this->rchild=n;
    }
};
```

Tree.h 是实现二叉树的文件，其对应的代码如下：

```
#include "TreeNode.h"
class Tree
{
public:
    TreeNode *root;                   //二叉树的特征值，根结点指针
    Tree()                            //构造二叉树
    {
         //需要补充代码
    }
    void preorder(TreeNode *p);   //先序访问二叉树

    };
```

```
void Tree::preorder(TreeNode *p)
{
    //需要补充代码

}
```

main.cpp 是主函数入口，其对应的代码如下：

```
#pragma  once
#include "Tree.h"
#include <process.h>

void main()
{
   Tree *p;                              //定义二叉树
   p=new Tree();                         //生成二叉树
   p->preorder(p->root);                 //先序遍历二叉树
   cout<<endl;
   system("pause");
}
```

程序运行结果如图 8-10 所示。

图 8-10　C++程序运行结果

3.C 语言实现

采用 C 代码的实现过程如下：

（1）在 VS 2010(2015)建立一个空工程，如图 8-11 所示。

（2）在新建的工程中新建 main.cpp 文件，main.cpp 是主函数入口，具体如图 8-12 所示。

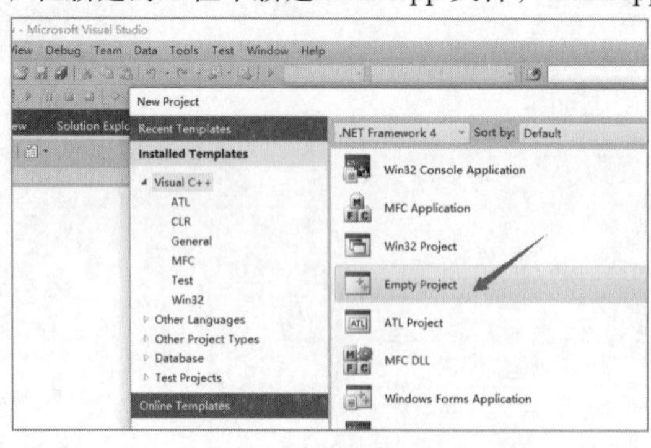

图 8-11　新建空工程

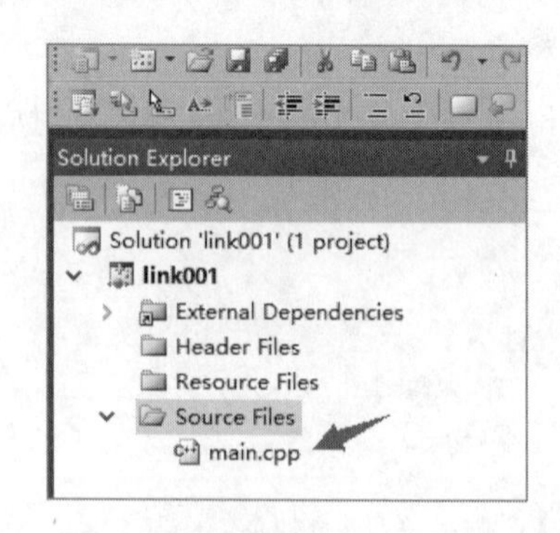

图 8-12　新建 main.cpp 文件

（3）输入 main.cpp 代码。

main.cpp 对应的代码如下：

```
#include <stdio.h>
#include <stdlib.h>
#include <process.h>
#include<string>

typedef  struct TreeNode                    //二叉树结点定义
{
   struct TreeNode *lchild,*rchild;        // 地址域
   char data;
} RTreeNode;                                //数据域

RTreeNode *initnode(char data,RTreeNode *lchild,RTreeNode *rchild)
//生成一个二叉树结点
{
    RTreeNode *SS;
    SS=(struct TreeNode *)malloc(sizeof(struct TreeNode));
    SS->data=data;
    SS->lchild=lchild;
    SS->rchild=rchild;
    return(SS);
 }

 RTreeNode *inittree()                      //生成一棵二叉树
 {
     //代码需要补充完整
 }

 void preorder(RTreeNode *p)                //先序遍历二叉树，p是根结点指针
 {
     //代码需要补充完整
 }

 void main()
 {
    RTreeNode *tree;                        //定义二叉树
    tree=inittree();                        //生成二叉树
    preorder(tree);                         //先序遍历二叉树
    printf("\n");
    system("pause");
 }
```

程序运行结果如图 8-13 所示。

图 8-13　C 程序运行结果

思 考 题

本实验介绍的是静态生成二叉树，此种代码在二叉树结点较少时可行，结点数目较多时需要使用动态生成二叉树的方法，请设计一种动态生成二叉树的方法。

提示：动态生成二叉树有多种方法，可以使用递归的方法生成二叉树。二叉树中的空地址域用NULL表示，但是键盘无法输入NULL，所以考虑使用特殊字符“#”代替NULL。下面给出一种前序动态生成二叉树的方法：

```
前序动态生成二叉树
{
     输入一个字符 C;
     if(C=='#')
          二叉树为空;
   else
   {
      生成一个二叉树结点;
      此结点的数据域为 C;
      此结点左孩子为空;
      此结点右孩子为空;
      前序动态生成二叉树左子树;
      前序动态生成二叉树右子树;
   }
}
```

实验 9　求二叉树的非叶子结点个数

实验目的

（1）熟悉二叉树，掌握二叉树的基本概念。

（2）掌握建立求二叉树非叶子结点的方法。

实验环境

硬件环境：通常的 PC、内存 4 GB 及以上，硬盘空闲空间 8 GB 及以上。

软件环境：Windows 系列操作系统、Eclipse（Editplus）、VS 2010 或者 VS 2015。

实验准备

二叉树的非叶子结点：

二叉树的叶子是一个结点，本身不为空，但是其左右子树都为空；而非叶子结点指一个结点本身不为空，其左右子树不同时为空，如图 9-1 所示。

结点 *D*、*E* 和 *F* 的左右子树都为空，所以它们都是叶子结点；而结点 *A*、*B* 和 *C* 左右子树不同时为空，所以它们是非叶子结点。

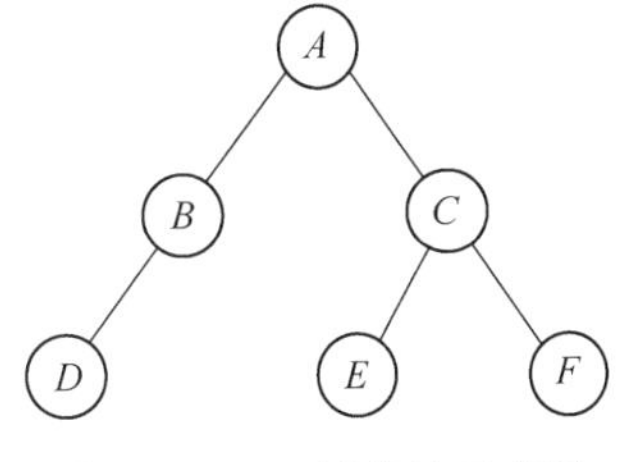

图 9-1　二叉树结构示意图

实验要求

静态建立一棵如图 9-1 所示的二叉树，并求出其对应的非叶子结点（输出所有非叶子结点；统计出非叶子结点的个数）。

实验分析

二叉树是一种递归结构，如图 9-2 所示。

二叉树 T_6 的树根不为空，而且其左右子树也不为空，故 T_6 的非叶子结点个数为：$1+T_5$ 的非叶子结点个数$+T_4$ 的非叶子结点个数，然后再递归求 T_4 和 T_5 的非叶子结点个数，直到这棵树为空或者其左右子树都为空。

设求非叶子结点的函数为：int countNoleafnode(二叉树根结点)，则对于图 9-2 中二叉树，其具体的执行过程如图 9-3 所示。

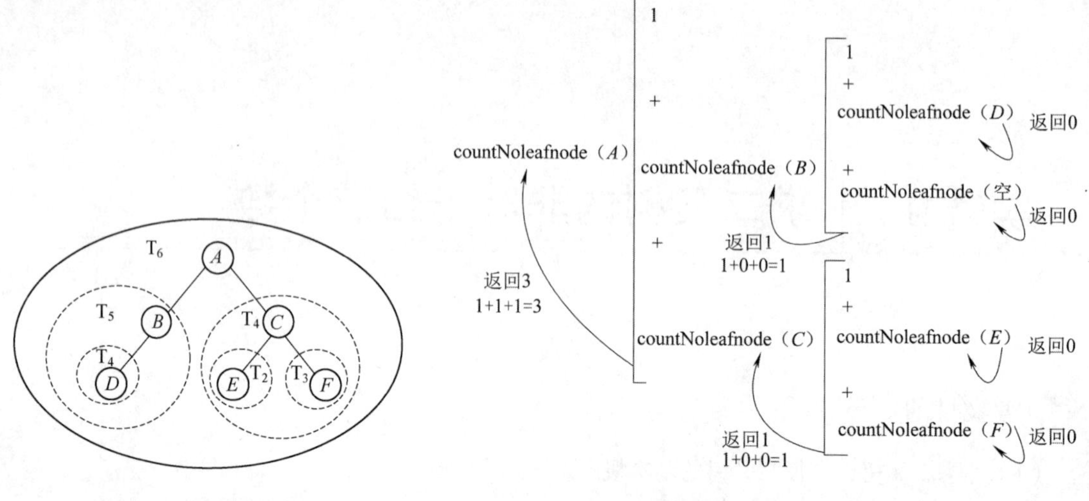

图 9-2　二叉树结构图　　　　图 9-3　求非叶子结点数量过程

代码实现

1.Java 语言实现

采用 Java 代码的实现过程如下：

（1）在 Eclipse 建立一个 Java 工程，具体如图 9-4 所示，工程名称为 tree001。

（2）在新建的工程里新建 3 个类 Tree、TreeNode 和 Treetest，具体如图 9-5 所示。

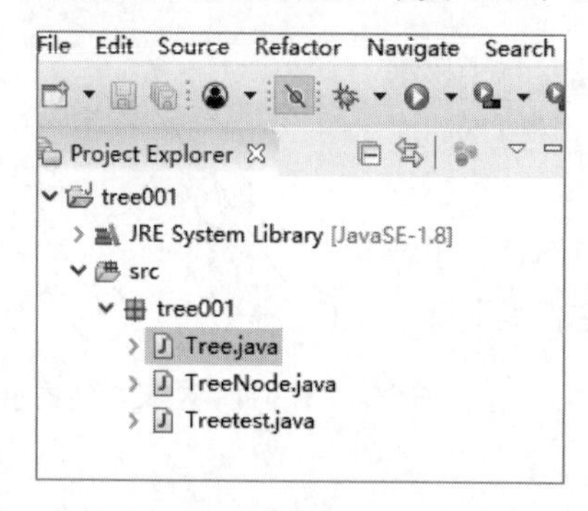

图 9-4　新建工程

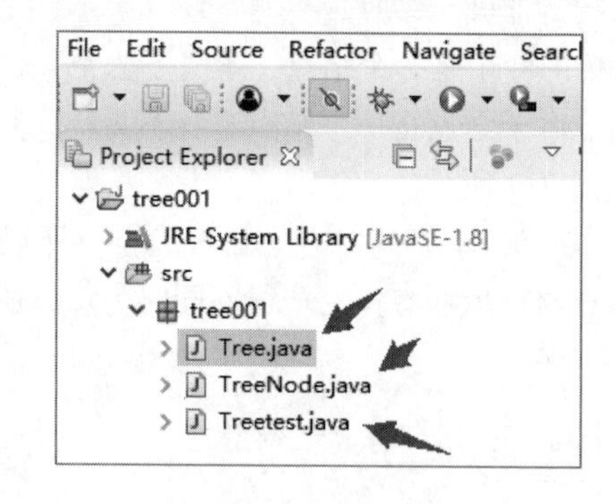

图 9-5　新建的 3 个类

TreeNode 是关于队列的类，其对应的代码如下：

```
public class TreeNode {
   public char data;                        //数据域
   public TreeNode lchild,rchild;           //左右孩子地址域
   public TreeNode(char data)               //生成叶子结点
   {
      this.data=data;
      this.lchild=null;
      this.rchild=null;
   }
```

```
    TreeNode(char data,TreeNode m,TreeNode n) //生成非叶子结点
    {
        this.data=data;
        this.lchild=m;
        this.rchild=n;
    }
}
```

Tree 是关于二叉树的类，其对应的代码如下：

```
public class Tree {
    public TreeNode root;              //根结点地址，二叉树的特征值
    public Tree() //生成二叉树
    {
            //代码需要完成
    }

     int countNoleafnode(TreeNode p)    //求二叉树非叶子结点数目
     {
            //代码需要完成
     }
}
```

Treetest 是 main()函数的入口类，其对应的代码如下：

```
public class Treetest {
    public static void main(String[] arr){
        Tree AAA=new Tree();          //生成二叉树
        System.out.print("非叶子结点是: ");
        //显示非叶子结点和其对应数目
        System.out.println("个数是: "+AAA.countNoleafnode(AAA.root));}
}
```

程序运行后结果如图 9-6 所示。

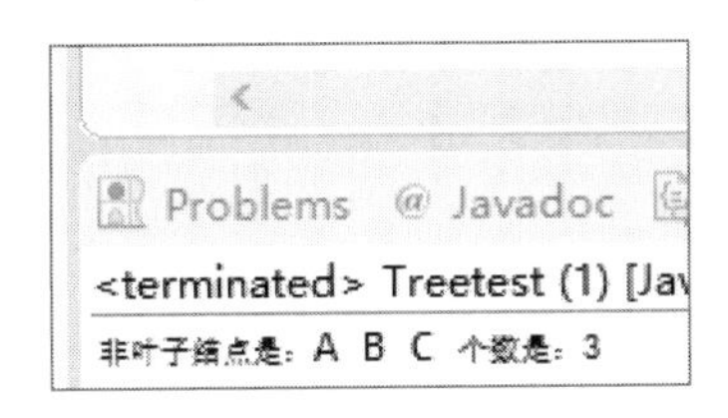

图 9-6　Java 程序执行结果

2.C++语言实现

采用 C++代码的实现过程如下：

（1）在 VS 2010(2015)建立一个空工程，如图 9-7 所示。

（2）在新建的工程中新建 Tree.h、TreeNode.h 和 main.cpp 文件，如图 9-8 所示。

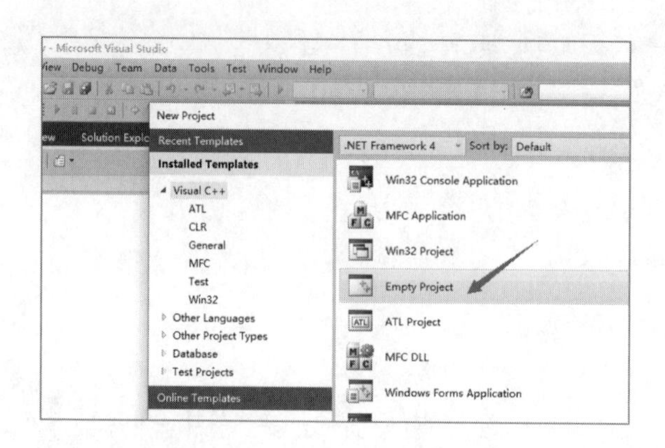

图 9-7　新建空工程

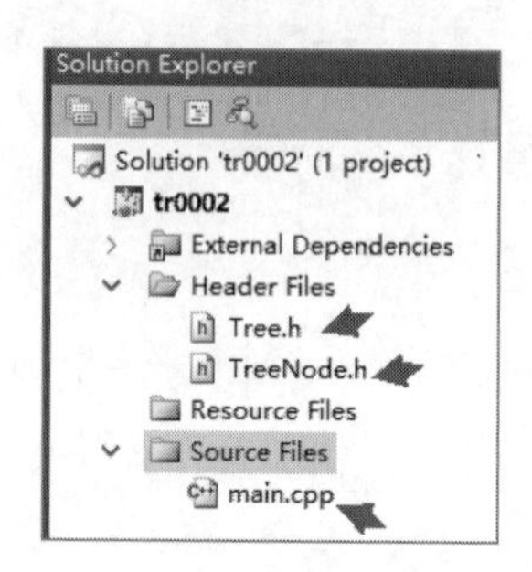

图 9-8　新建 3 个文件

（3）输入 Tree.h、TreeNode.h 和 main.cpp 代码。

TreeNode.h 是实现二叉树结点的文件，其对应的代码如下：

```
#include <iostream>
using namespace std;
class TreeNode
{
public:
    char data;
    TreeNode *lchild,*rchild;
    TreeNode(char data)
    {
        this->data=data;
        this->lchild=NULL;
        this->rchild=NULL;
    }
    TreeNode(char data,TreeNode *m,TreeNode *n)
    {
        this->data=data;
        this->lchild=m;
        this->rchild=n;
    }
};
```

Tree.h 是实现二叉树的文件，其对应的代码如下：

```
#include "TreeNode.h"
class Tree
{
public:
    TreeNode *root;           //二叉树的特征值，根结点指针
    Tree()                    //构造二叉树
    {
        //需要补充代码
    }
    int Tree::countNoleafnode(TreeNode *p);   //求二叉树的非叶子
```

```
};

int Tree::countNoleafnode(TreeNode *p)
{
    //需要补充代码

}
```

main.cpp 是主函数入口，其对应的代码如下：

```
#pragma  once
#include "Tree.h"
#include <process.h>
void main()
{
    Tree *p;                    //定义二叉树
    p=new Tree();               //生成二叉树
    cout<<"非叶子结点是: ";
    cout<<p->countNoleafnode(p->root)<<"个非叶子 "; //求非叶子
    cout<<endl;
    system("pause");
}
```

程序运行结果如图 9-9 所示。

图 9-9　C++程序运行结果

3.C 语言实现

采用 C 代码的实现过程如下：

（1）在 VS 2010(2015)建立一个空工程，如图 9-10 所示。

（2）在新建的工程中新建 main.cpp 文件，main.cpp 是主函数入口，具体如图 9-11 所示。

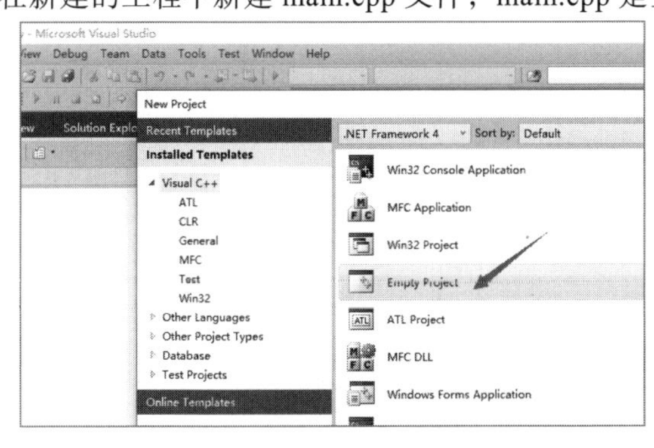

图 9-10　新建空工程

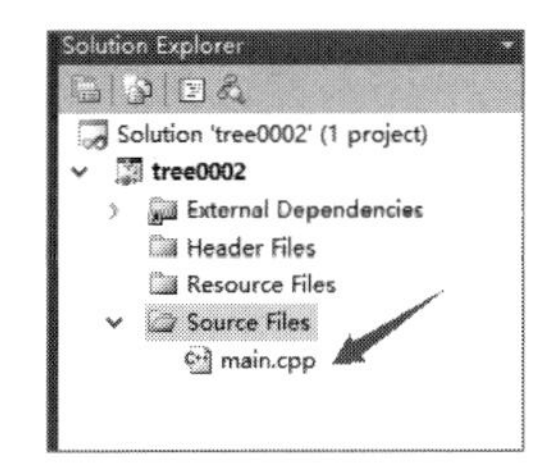

图 9-11　新建 main.cpp 文件

（3）输入 main.cpp 代码。

main.cpp 对应的代码如下：

```
#include <stdio.h>
#include <stdlib.h>
#include <process.h>
#include<string>

typedef  struct TreeNode                          //二叉树结点定义
{
    struct TreeNode *lchild,*rchild;      //地址域
    char data;                                    //数据域
} RTreeNode;

RTreeNode *initnode(char data,RTreeNode *lchild,RTreeNode *rchild)
//生成一个二叉树结点
{
    RTreeNode *SS;
    SS=(struct TreeNode *)malloc(sizeof(struct TreeNode));
    SS->data=data;
    SS->lchild=lchild;
    SS->rchild=rchild;
    return(SS);
 }

 RTreeNode *inittree()                           //生成一棵二叉树
 {
     //代码需要补充完整
 }

 int countNoleafnode(RTreeNode *p) //求非叶子
 {
     //代码需要补充完整
 }

 void main()
 {
   RTreeNode *tree;                              //定义二叉树
   tree=inittree();                              //生成二叉树
   printf("非叶子结点是: ");                    //求非叶子结点
   printf("%d 个非叶子\n",countNoleafnode(tree));
   system("pause");
 }
```

程序运行结果如图 9-12 所示。

图 9-12　C 程序运行结果

思　考　题

编写求一棵二叉树的叶子结点算法。

提示：一个结点不为空，而且其左右子树为空，这个结点才是叶子结点。所以，此算法的基本思想是：如果结点为空，返回 0；如果结点不为空，而且其左右子树为空，返回 1；其他情况返回其左子树和右子树的叶子结点之和。

假设求叶子结点的函数为 int Cleaf（树的根结点），则对于图 9-2 中的二叉树，求叶子结点数目的过程如图 9-13 所示。

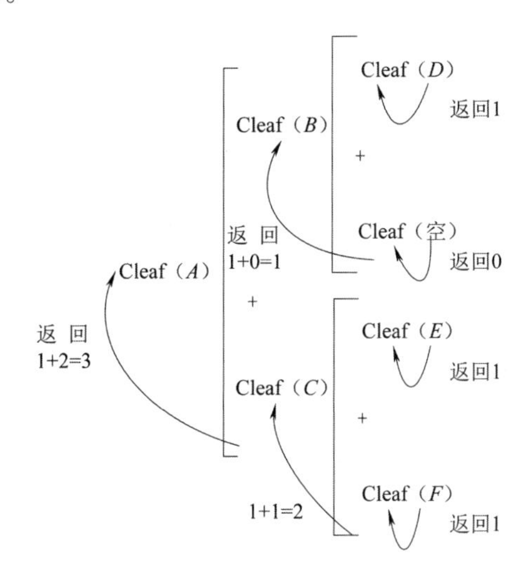

图 9-13　求叶子结点数量过程

实验 10　二叉树遍历（非递归）

实验目的

（1）熟悉二叉树，掌握二叉树的基本概念。

（2）掌握二叉树的遍历（非递归）的实现方法。

实验环境

硬件环境：通常的 PC、内存 4 GB 及以上，硬盘空闲空间 8 GB 及以上。

软件环境：Windows 系列操作系统、Eclipse（Editplus）、VS 2010 或者 VS 2015。

实验准备

递归与非递归：

递归是一个函数自身调用自身，在没有到达递归终止的条件下，递归会反复执行，由实验 8 可得知：二叉树有递归的特点，所以二叉树的遍历和建立都可以通过递归的方法来实现。

递归有简洁明了和容易理解的特点，但是递归执行时会耗费较多的计算机资源。把递归程序用非递归方法来实现就需要使用栈，用其保存相关的状态和程序参数。本实验就是用非递归的方法实现树的先序遍历。

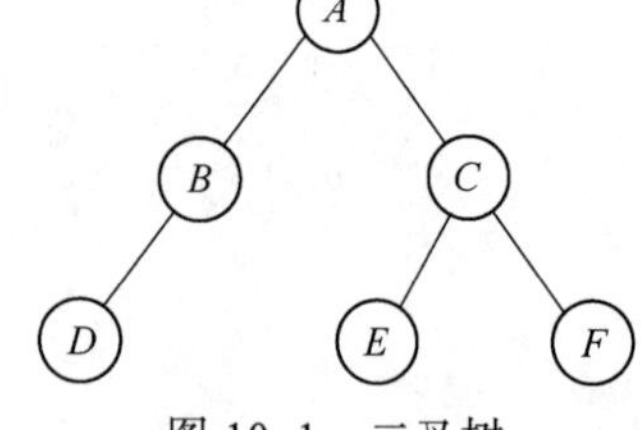

图 10-1　二叉树

实验要求

利用实验 8 的方法建立一棵如图 10-1 所示的二叉树，并使用非递归方法写出其对应的先序遍历算法。

实验分析

先序遍历先访问根结点，然后再访问左子树的根结点，直到把左子树访问完毕才会访问右子树的根结点。所以，访问根结点时，先把右子树的根结点入栈，等待左子树全部访问完毕后，右子树根结点再出栈被访问，依次进行，直到完成二叉树的先序遍历。

其对应的伪代码如下：

```
新建栈 TS;
设置当前结点为根结点;
While（当前结点不为空 或 栈不空）
```

```
{
    While(当前结点左子树不为空)
   {
        访问当前结点;
        If（当前结点右子树不为空）
             当前结点右子树进栈;
             当前结点等于左子树根结点;
    }

    if（栈不空）
    {
         栈顶元素出栈;
         把当前结点设置为刚出栈的栈顶元素;
    }
}
```

非递归遍历图 10-1 中的二叉树的遍历过程如图 10-2 所示。

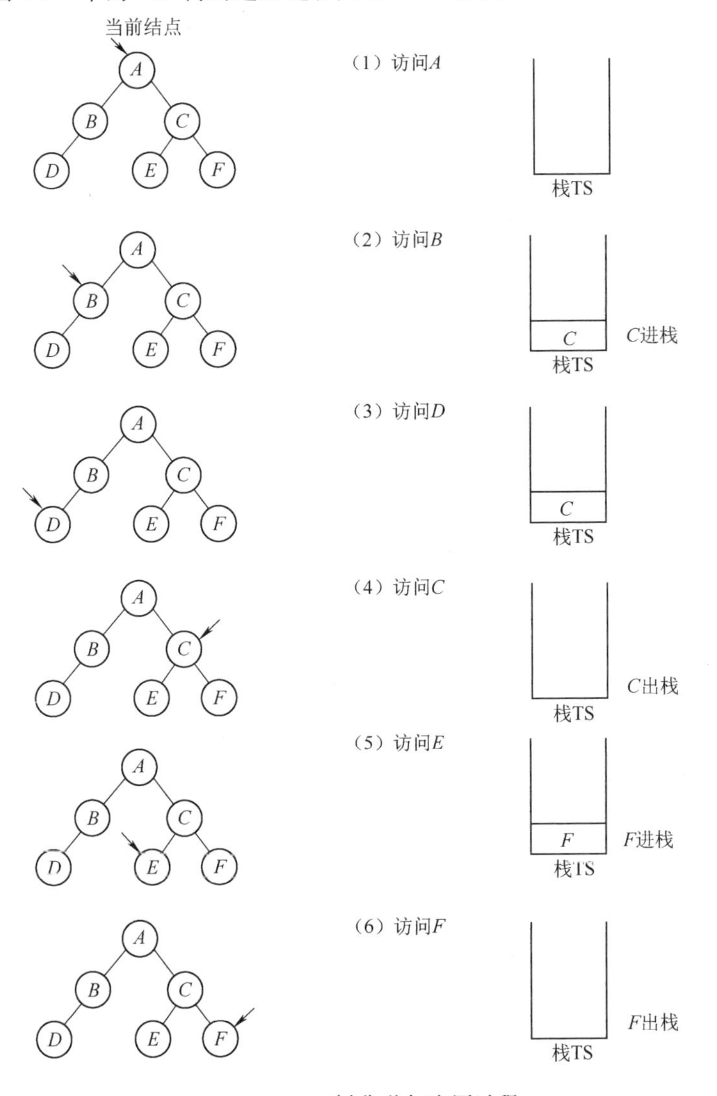

图 10-2　二叉树非递归遍历过程

1.Java 语言实现

采用 Java 代码的实现过程如下：

（1）在 Eclipse 建立一个 Java 工程，具体如图 10-3 所示，工程名称为 tree001。

（2）在新建的工程里新建 4 个类 Tree、TreeNode、Treetest 和 TreeStack，具体如图 10-4 所示。

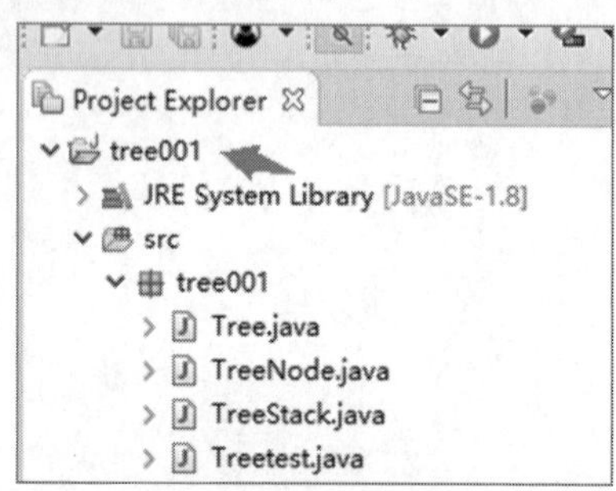

图 10-3　新建工程

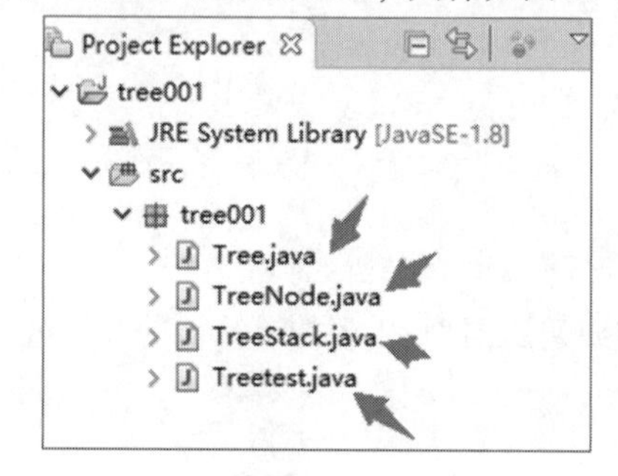

图 10-4　新建的 4 个类

TreeNode 是关于二叉树结点的类，其对应的代码如下：

```
public class TreeNode {
    public char data;                                   //数据域
    public TreeNode lchild,rchild;                      //左右孩子地址域
    public TreeNode(char data)                          //生成叶子结点
    {
        this.data=data;
        this.lchild=null;
        this.rchild=null;
    }
    TreeNode(char data,TreeNode m,TreeNode n)  //生成非叶子结点
    {
        this.data=data;
        this.lchild=m;
        this.rchild=n;
    }
}
```

Tree 是关于二叉树的类，其对应的代码如下：

```
public class Tree {
   public TreeNode root;                               //根结点地址，二叉树的特征值
   public Tree()                                       //生成二叉树
   {
         //代码需要完成（参照实验 8）
   }

   public void FDpreorder(TreeNode p)                  //非递归前序打印二叉树全部结点
   {
   //代码需要完成
   }
}
```

TreeStack 是存储二叉树结点的栈类，其对应代码如下：

```
public class TreeStack {
    private TreeNode[]  sa;
    private int top;
    public TreeStack(int max)       //栈构造函数
    {
        top=0;
        sa=new TreeNode[max];
    }

    public void clear()             //清空栈
    {
      top=0;
    }

    public int length()             //求栈的长度
    {
      return(top);
    }

    public boolean isEmpty()        //判断栈是否为空，为空返回 1
    {
      return(top==0);
    }

    public TreeNode peek() throws Exception          //取栈顶元素
    {
       if(!isEmpty())
           return sa[top-1];
       else
           throw new Exception("栈是空的");
    }

    public void push(TreeNode x) throws Exception   //进栈
    {
       if(top==sa.length)
          throw new Exception("栈已经满了");
       else
          sa[top++]=x;
    }

    public TreeNode pop() throws Exception           //出栈
    {
       if(isEmpty())
          throw new Exception("栈是空的");
       else
          return sa[--top];
    }
}
```

Treetest 是 main()函数的入口类，其对应的代码如下：

```
public class Treetest {
    public static void main(String[] arr){
        Tree AAA=new Tree();              //生成二叉树
        AAA.FDpreorder(AAA.root);       //非递归前序打印二叉树
        System.out.println();
    }
}
```

程序运行结果如图 10-5 所示。

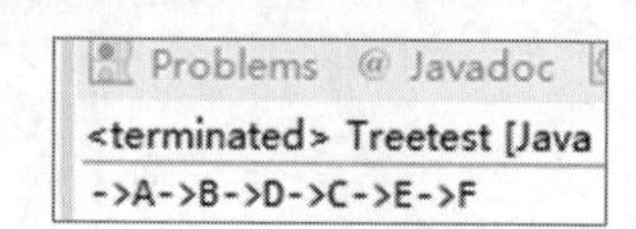

图 10-5　Java 程序运行结果

2.C++语言实现

采用 C++代码的实现过程如下：

（1）在 VS 2010(2015)建立一个空工程，如图 10-6 所示。

（2）在新建的工程中新建 Tree.h、TreeNode.h、TreeStack 和 main.cpp 文件，如图 10-7 所示。

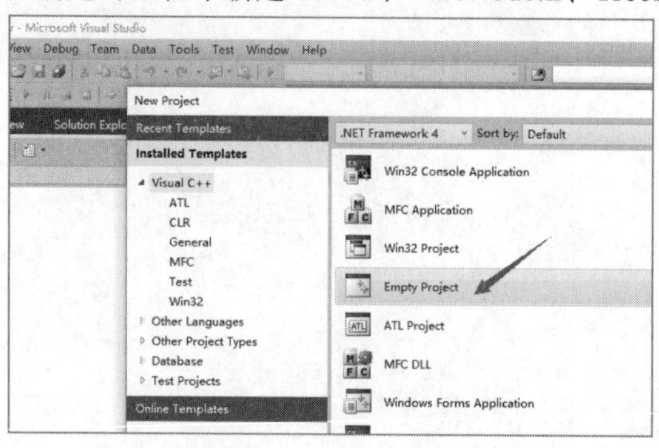

图 10-6　新建空工程

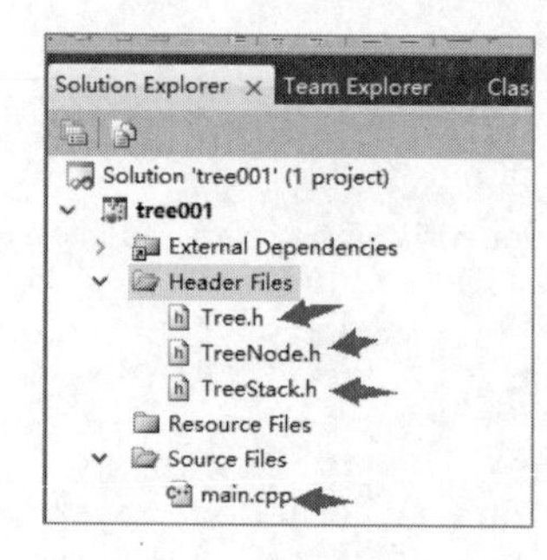

图 10-7　新建 3 个文件

（3）输入 TreeNode.h、Tree.h、TreeStack.h 和 main.cpp 代码。

TreeNode.h 是实现二叉树结点的文件，其对应的代码如下：

```
#include <iostream>
using namespace std;
class TreeNode
{
public:
    char data;
    TreeNode *lchild,*rchild;
    TreeNode(char data)
    {
        this->data=data;
        this->lchild=NULL;
        this->rchild=NULL;
    }
    TreeNode(char data,TreeNode *m,TreeNode *n)
    {
        this->data=data;
        this->lchild=m;
        this->rchild=n;
```

```
    }
};
```

TreeStack.h 是实现栈的文件，其对应的代码如下：

```
#include<iostream>
#include<string>
#include "TreeNode.h"
#define N 100                          //构成栈的数组最大长度
using namespace std;
class  TreeStack
{
public:
    TreeNode *sa[N];                   //栈中的元素是二叉树结点的地址
    int top;                           //栈顶
    int max;                           //栈的最大长度
    void push(TreeNode *x);            //进栈
    TreeNode *pop();                   //出栈
    bool empty();                      //栈的判空
    void clear();                      //栈清空

    TreeStack()
    {
        top=0;
        max=50;
    }

        ~TreeStack()
    {
    }
};

void TreeStack::push(TreeNode *x)  //进栈元素为二叉树结点指针
{
    if(top==max)
    {
        cout<<"the stack is full";
        exit(0);
    }
    else
        sa[top++]=x;
}

TreeNode *TreeStack::pop()             //出栈
{
    if(top==0)
    {
        cout<<"no element";
        exit(0);
    }
    else
    {
```

```
        return(sa[--top]);
    }
}

bool TreeStack::empty()
{
    if(top==0)
    {
        return(true);
    }
    else
    {
        return(false);
    }
}

void TreeStack::clear()
{
    top=0;
}
```

Tree.h 是实现二叉树的文件，其对应的代码如下：

```
#include "TreeStack.h"
class Tree
{
public:
    TreeNode *root;                     //二叉树的特征值，根结点指针
    Tree()                              //构造二叉树
    {
        //需要补充代码，参照实验 8
    }
    void preorder(TreeNode *p);   //先序访问二叉树

};

void Tree::preorder(TreeNode *p)
{
     //需要补充代码

}
```

main,cpp 是主函数入口，其对应的代码如下：

```
#pragma  once
#include "Tree.h"
#include <process.h>

void main()
```

```
{
    Tree *p;                        //定义二叉树
    p=new Tree();                   //生成二叉树
    p->preorder(p->root);           //先序遍历二叉树
    cout<<endl;
    system("pause");
}
```

程序运行结果如图 10-8 所示。

图 10-8　C++程序运行结果

3. C 语言实现

采用 C 代码的实现过程如下：

（1）在 VS 2010(2015)建立一个空工程，如图 10-9 所示。

（2）在新建的工程中新建 main.cpp 文件，main.cpp 是主函数入口，具体如图 10-10 所示。

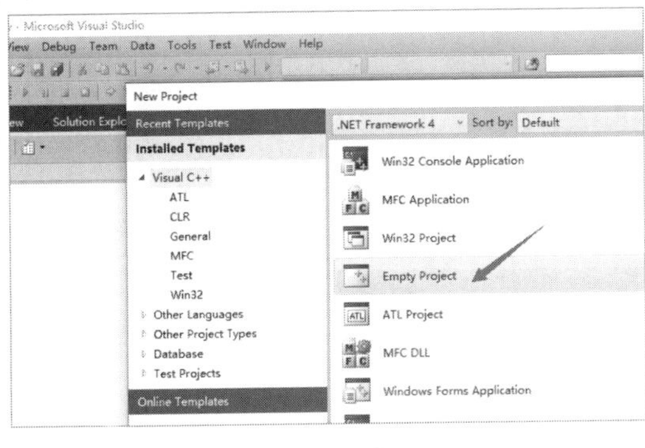

图 10-9　新建空工程

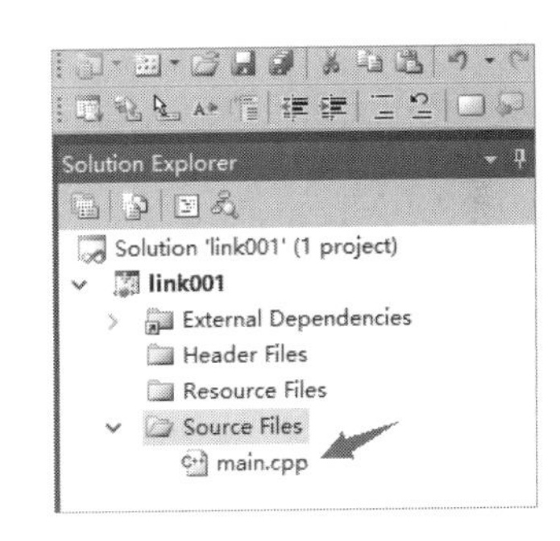

图 10-10　新建 main.cpp 文件

（3）输入 main.cpp 代码。

main.cpp 对应的代码如下：

```
#include <stdio.h>
#include <stdlib.h>
#include <process.h>
#include<string>
#define MAX 50

typedef  struct TreeNode         //二叉树结点
{
    struct TreeNode *lchild,*rchild;
    char data;
} RTreeNode;

RTreeNode *initnode(char data,RTreeNode *lchild,RTreeNode *rchild)
//生成一个二叉树结点
{
    RTreeNode *SS;
    SS=(struct TreeNode *)malloc(sizeof(struct TreeNode));
    SS->data=data;
    SS->lchild=lchild;
    SS->rchild=rchild;
```

```
        return(SS);
    }

    RTreeNode *inittree()                       //生成一棵二叉树
    {
        //补充相关代码,参照实验 8
    }

    typedef struct Stack                        //栈的定义，其中元素是二叉树结点的地址
    {
        int top;                                //栈顶
        RTreeNode *sa[MAX];
    } RStack;

    RStack init()                               //栈的生成
    {
        RStack *SS;
        SS=(struct Stack *)malloc(sizeof(struct Stack));
        SS->top=0;
        return(*SS);
    }

    void push(RStack *S,RTreeNode *x)           //进栈函数
    {
        if(S->top==MAX)
        {
            printf("the stack is full");
            exit(0);
        }
        else
        {
            S->sa[S->top]=x;
            S->top++;
        }
    }

    RTreeNode *pop(RStack *S)                   //出栈函数
    {
        if(S->top==0)
        {
            printf("enpty,no element");
            exit(0);
        }
        else
        {
            return(S->sa[--S->top]);
        }
    }

    bool empty(RStack S)                        //栈的判空函数
    {
        if(S.top==0)
        {
```

```
        return(true);
    }
    else
    {
        return(false);
    }
}

void clear(RStack *S)                    //栈的清空
{
    S->top==0;
}

void FDpreorder(RTreeNode *p)            //p是根结点指针
{
    //补充相关代码
}

void main()
{
    RTreeNode *tree;                     //定义二叉树
    tree=inittree();                     //生成二叉树

    FDpreorder(tree);                    //非递归先序遍历二叉树
    printf("\n");
    system("pause");
}
```

程序运行结果如图 10-11 所示。

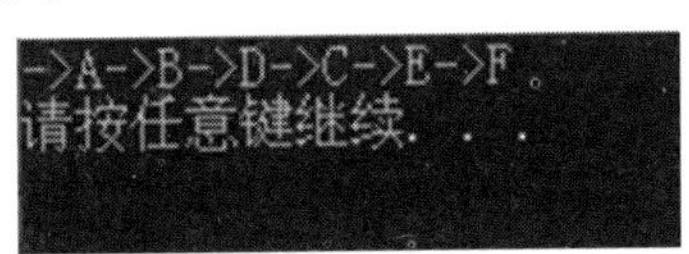

图 10-11　C 程序运行结果

思　考　题

请设计二叉树的中序非递归算法。

提示：中序遍历是先访问左子树、再访问根结点、最后访问右子树，所以要使用栈来保存每棵子树的根结点，其对应的伪代码如下：

```
新建栈 TS;
设置当前结点为根结点;
while (当前结点不为空 或 栈不空)
{
    while(当前结点不为空)
    {
        当前结点入栈;
```

```
        当前结点等于其左子树根结点;
    }

    while（栈不空）
    {
        栈顶元素出栈;
        访问栈顶结点;
        If（栈顶结点右子树不为空）
            {
                当前结点等于其右子树根结点;
                跳出此 while 循环; }
    }
}
```

一棵二叉树的中序非递归遍历过程如图 10-12 所示。

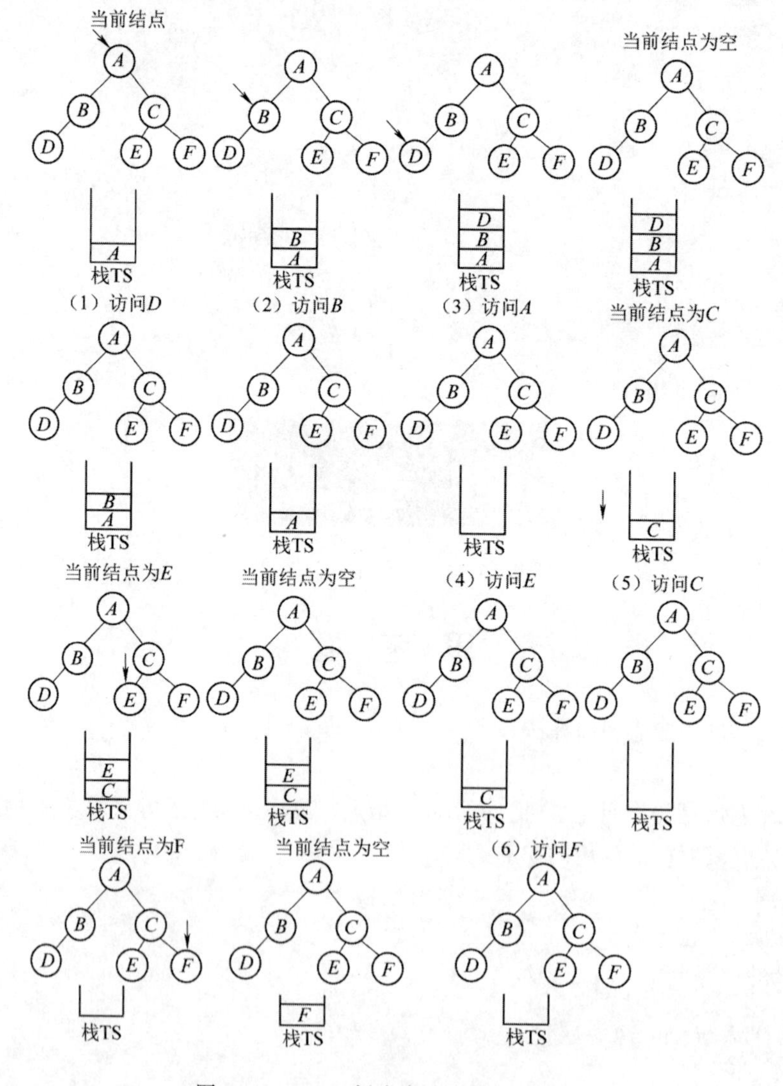

图 10-12　二叉树中序非递归遍历过程

实验 11 树的建立和遍历

实验目的

（1）熟悉树，掌握树的基本概念。

（2）熟悉树的存储结构，掌握树的建立方法。

（3）掌握树的遍历实现方法。

实验环境

硬件环境：通常的 PC、内存 4 GB 及以上，硬盘空闲空间 8 GB 及以上。

软件环境：Windows 系列操作系统、Eclipse（Editplus）、VS 2010 或者 VS 2015。

实验准备

1. 树的概念

树是一种非线性的逻辑结构，它和实验 8 和实验 9 中的二叉树是不同的，树中结点的直接后继可能会大于两个，如图 11-1 所示。

此时结点 b 有 4 个直接后继 e、f、g 和 h，a 有 3 个直接后继 b、c、d。

2. 树的存储

树中结点的直接后继可能会大于两个，所以树不能采取二叉树的二叉链表存储方法了，一个结点只有两个地址域是不够的。

树有多种存储方法，例如，双亲表示法、孩子表示法、孩子兄弟链表表示法等，本实验采取孩子兄弟链表表示法。

在孩子兄弟链表表示法中，一个结点也包含一个数据域和两个地址域，数据域仍然存储结点的信息，一个地址域存储其第一个子树（从左到右）的根结点存储地址，另一个地址域存储其右边相邻的第一个兄弟的存储地址，图 11-1 中树的孩子兄弟链表表示法对应的存储结构如图 11-2 所示。

root 是指根结点的地址。

3. 树的建立

树的建立也分静态和动态两种，本实验采取静态建立树，其分成两步：第一是建立树中的结点，然后对结点的数据项进行赋值，把结点连接成一棵树。

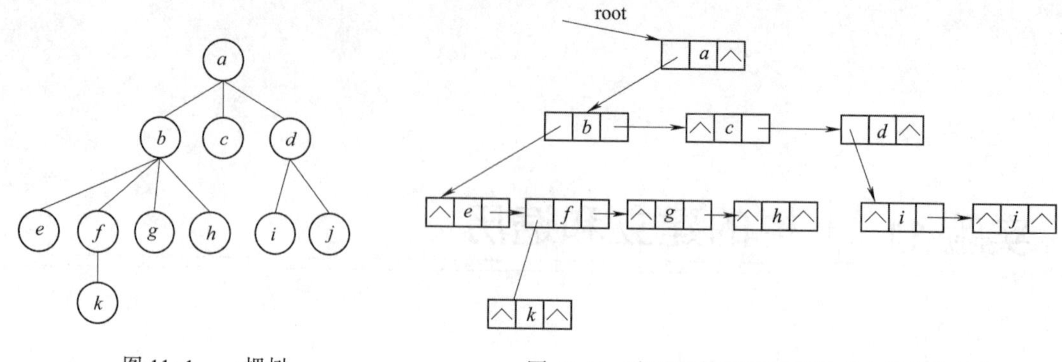

图 11-1　一棵树　　　　图 11-2　孩子兄弟链表表示法对应的存储结构

4. 树的遍历

树中没有左右子树的定义，所以不能够采取二叉树的遍历方法对树进行遍历，对于树可以采取层次遍历法，按照“从上到下，从左到右”的次序访问树的结点，从树的第一层开始对树进行遍历。例如，图 11-1 中的树对应的层次遍历结果如下：a、b、c、d、e、f、g、h、i、j、k。

实验要求

利用静态建树的方法建立一棵如图 11-1 所示的树，并写出其对应的层次遍历算法。

实验分析

树的层次遍历算法是一层一层地从左到右访问树的结点，所以要记录每个结点第一棵子树的根结点信息（只记录第一个即可，根据孩子兄弟链表表示法，第一个孩子通过指针后移能找到其他子树的根结点）。因为先访问的结点的子树根结点访问必定领先于后访问的结点的子树根结点，符合队列先进先出的特点，所以使用队列暂时存储树的子树根结点。结点出队列之前，其子树根结点必须进队列。

其对应的伪代码如下：

```
新建队列;
根结点入队列;
当前
While（队列不为空）
{
    出队列;
    访问出队列结点，并把此结点设为当前结点;
    While(当前结点不为空)
    {
        出队列结点的第一个子树根结点入队列;
        当前结点设为当前结点的右边第一个兄弟;
        访问当前结点
    }
}
```

层次遍历图 11-1 中树的过程如图 11-3 所示。

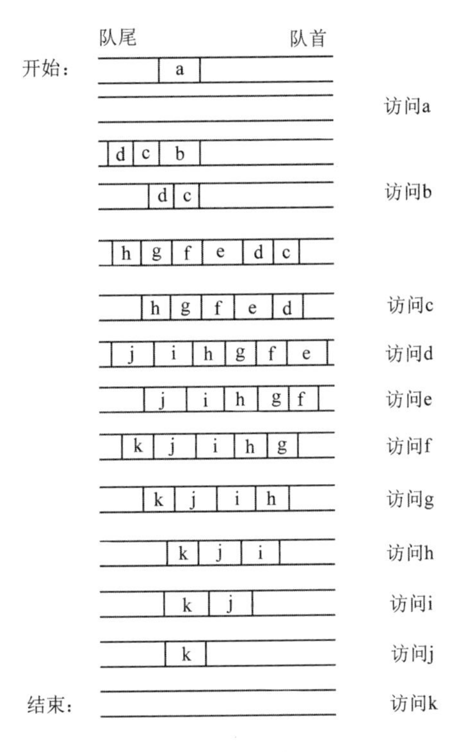

图 11-3　层次遍历树的过程

1. Java 语言实现

采用 Java 代码的实现过程如下：

（1）在 Eclipse 建立一个 Java 工程，具体如图 11-4 所示，工程名称为 tree002。

（2）在新建的工程里新建 4 个类 Tree、TreeNode、leveltree 和 TreeQueue，具体如图 11-5 所示。

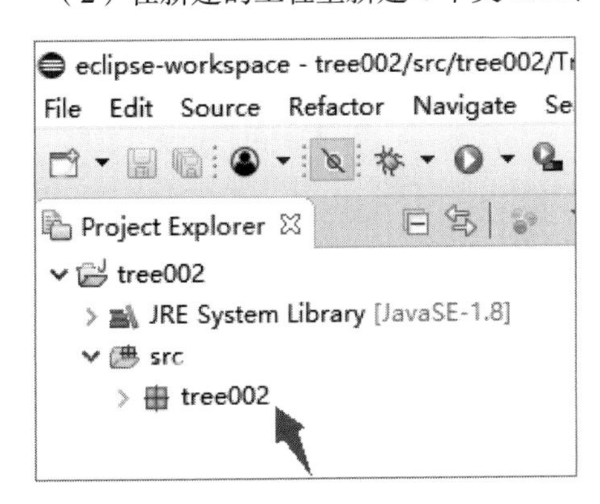

图 11-4　新建工程

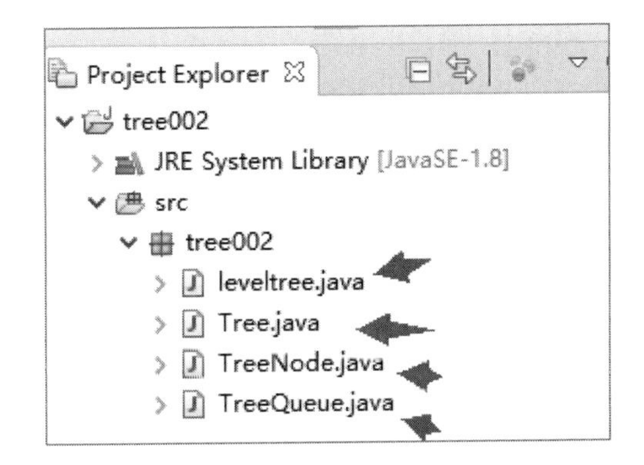

图 11-5　新建 4 个类文件

TreeNode 是关于二叉树结点的类，其对应的代码如下：

```
public class TreeNode {
```

```
    public char data;                                   //数据域
    public TreeNode firstchild,nextbling;      //第一个孩子和右边相邻兄弟地址
    public TreeNode(char data)                     //构建叶子
    {
       this.data=data;
       this.firstchild=null;
       this.nextbling=null;
    }

    TreeNode(char data,TreeNode m,TreeNode n)//构建非叶子
    {
        this.data=data;
        this.firstchild=m;
        this.nextbling=n;
    }
}
```

Tree 是关于二叉树的类，其对应的代码如下：

```
public class Tree {
    public TreeNode root;                           //树的特征值，根结点
    public Tree()                                     //静态建立树
    {
       //代码需要补充
    }

    public void levelorder(TreeNode p)          //层次遍历树中的结点
    {
       //代码需要补充
    }

}
```

TreeQueue 是存储树结点的队列类，其对应代码如下：

```
public class TreeQueue {
    public TreeNode qu[];                           //构成队列的数组，数组中存储树结点
    public int front,rear,max;                     //队首、队尾和队列最大长度
    public TreeQueue()                              //队列构造
    {
           qu=new TreeNode[100];
           max=50;
           front=0;
           rear=0;
    }

    public void offer(TreeNode x)                //进队
    {
       if((rear+1)%max==front)
       {
          System.out.print("队列已满");
```

```
            System.exit(0);
            return;
        }
        else
            qu[rear]=x;

        rear=(rear+1)%max;
    }

    public TreeNode poll()                              //出队
    {
        if(front==rear)
        {
             System.out.print("队列为空");
             System.exit(0);
             return(null);
        }
        else
        {
            TreeNode t=qu[front];
            front=(front+1)%max;
            return(t);
        }
    }

    public int length()                                 //求队列长度
    {
        return((max+rear-front)%max);
    }

    public TreeNode peek()                              //取队尾元素
    {
        if(front==rear)
        {
             System.out.print("队列为空");
             System.exit(0);
             return(null);
        }
        else
        return(qu[rear-1]);
    }

    public boolean empty()                              //队列判空
    {
        if(rear==front)
        return(true);
        else
        return(false);
    }
```

```
    public void clear()                               //队列清空
    {
        front=0;
        rear=0;
    }
}
```

leveltree 是 main()函数的入口类，其对应的代码如下：

```
public class leveltree {
    public static void main(String[] arr){
            Tree AAA;                                 //定义一棵树
            AAA=new Tree();                           //生成一棵树
            System.out.println("层次遍历是:");
            AAA.levelorder(AAA.root);                 //对树进行层次遍历
    }
}
```

程序运行结果如图 11-6 所示。

```
<terminated> leveltree [Java Applic
层次遍历是:
a b c d e f g h i j k
```

图 11-6　Java 程序运行结果

2. C++语言实现

采用 C++代码的实现过程如下：

（1）在 VS 2010（2015）建立一个空工程，如图 11-7 所示。

（2）在新建的工程中新建 tree.h、treenode.h、treequeue 和 main.cpp 文件，如 11-8 所示。

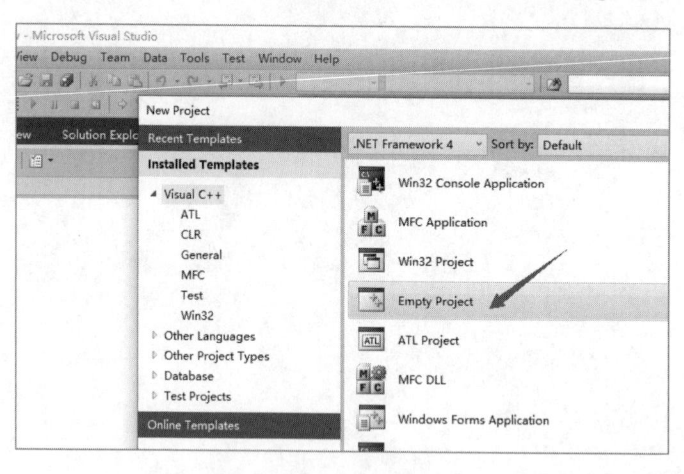

图 11-7　新建空工程

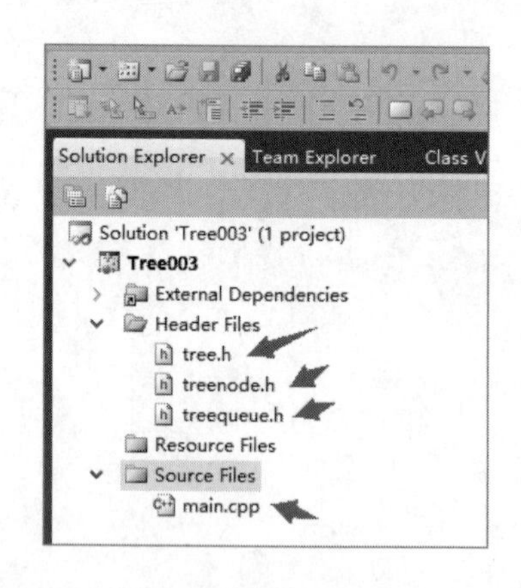

图 11-8　新建四个文件

（3）输入 tree.h、treenode.h、treequeue 和 main.cpp 代码。

treenode.h 是实现树结点的文件，其对应的代码如下：

```
#include<iostream>
#include<string>
#define N 1000
using namespace std;

class treenode                                 //树结点定义
```

```
{
public:
    char data;                          //数据域
    treenode *firstchild,*nextbling; //第一个孩子和相邻右兄弟地址

    treenode(char data,treenode *firstchild,treenode *nextbling)
      //树结点构造函数
    {
          this->data=data;
          this->firstchild=firstchild;
          this->nextbling=nextbling;
    }
};
```

treequeue.h 是实现队列的文件，其对应的代码如下：

```
class treequeue
{
public:
    treenode *qu[N];                  //构成队列的数组，对应元素为树结点（其地址）
    int front,rear,max;               //队首、队尾和队列的最大长度

    treequeue()                       //队列初始化
    {
        max=50;
        front=0;
        rear=0;
    }

    ~treequeue()
    {
}

    void offer(treenode *x);          //进队
    treenode* poll();                 //出队
    bool full()                       //判断队列满
    {
       if((rear+1)%max==front)
           return(true);
       else
           return(false);
    }

    bool empty()                      //判断队列空
    {
       if(rear==front)
           return(true);
       else
           return(false);
    }
       void clear()                   //清空队列
```

```
    {
            front=0;
            rear=0;
    }
};
//进队
void treequeue::offer(treenode *x)
{
    if((rear+1)%max==front)
    {
        cout<<"队列已满";
        exit(0);
    }
    else
        qu[rear]=x;
        rear=(rear+1)%max;
}

//出队
treenode* treequeue::poll()
{
     if(front==rear)
         exit(0);
     else
     {
         treenode *t=qu[front];
         front=(front+1)%max;
         return(t);
     }
}
```

tree.h 是实现树的文件，其对应的代码如下：

```
#include "treequeue.h"
class Tree
{
     public:
     treenode *root;                    //根结点地址，树的特征值
     void create();                     //创建一棵树
     void leveltra();                   //层次遍历一棵树
};

void Tree::create()
{
     //创建一棵树，代码需要补充
}
void Tree:: leveltra()
{
     //层次遍历一棵树，代码需要补充
}
```

main.cpp 是主函数入口，其对应的代码如下：

```
#include "tree.h"
#include <process.h>

void main()
{
    Tree *AAA;                          //定义一棵树
    AAA=new Tree();                     //生成一棵树
    AAA->create();                      //创建一棵树
    AAA->leveltra();                    //层次遍历一棵树
    system("pause");
}
```

程序运行结果如图 11-9 所示。

图 11-9　C++程序运行结果

3. C 语言实现

采用 C 代码的实现过程如下：

（1）在 VS 2010（2015）建立一个空工程，在 VS 2010（2015）建立一个空工程如图 11-10 所示。

（2）在新建的工程中新建 main.cpp 文件，main.cpp 是主函数入口，具体如图 11-11 所示。

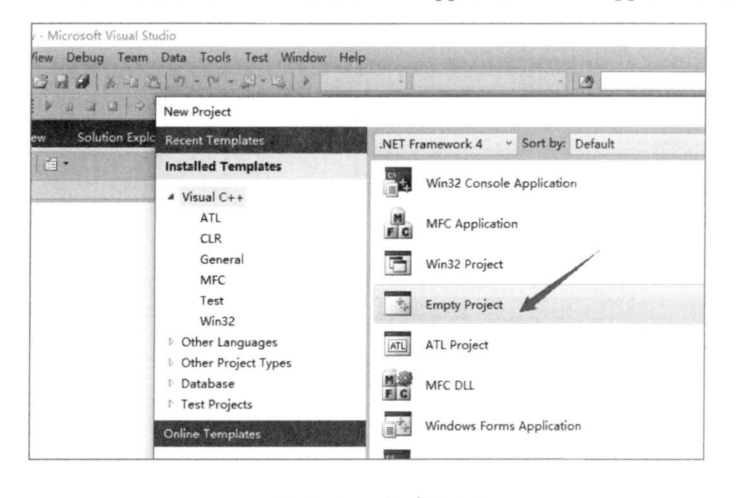

图 11-10　新建空工程

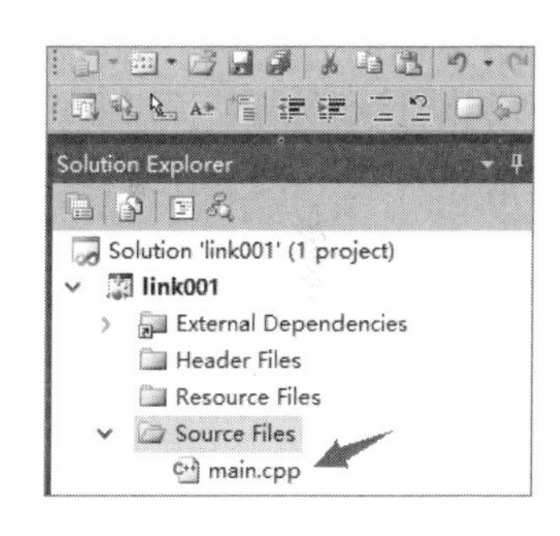

图 11-11　新建 main.cpp 文件

（3）输入 main.cpp 代码。

main.cpp 对应的代码如下：

```
#include <stdio.h>
#include <stdlib.h>
#include <process.h>
#include<string>
#define N 100

typedef struct TreeNode                      //定义树结点
{
    struct TreeNode *firstchild,*nextsibling; //第一个孩子和相邻右兄弟地址
    char data;
```

```
} RTreeNode;

RTreeNode *initnode(char data,RTreeNode *firstchild,RTreeNode *nextsibling)
//生成一个树结点
{
    RTreeNode *SS;
    SS=(struct TreeNode *)malloc(sizeof(struct TreeNode));
    SS->data=data;
    SS->firstchild=firstchild;
    SS->nextsibling=nextsibling;
    return(SS);
}

RTreeNode *inittree()                           //生成一棵树
{
    //需要补充相关代码
}

Typedef struct Queue                            //存储树结点队列
{
    int front,rear;
    RTreeNode *qu[N];
    int max;
} RQueue;

RQueue init()                                   //队列初始化
{
    RQueue *SS;
    SS=(struct Queue *)malloc(sizeof(struct Queue));
    SS->front=0;
    SS->rear=0;
    SS->max=50;
    return(*SS);
}

bool empty(RQueue Q)                            //判断队列是否为空
{
   if(Q.rear==Q.front)
        return(true);
   else
        return(false);
}

void clear(RQueue *Q)                           //将队列清空
{
    Q->front=0;
    Q->rear=0;
}
```

```
void offer(RQueue *Q,RTreeNode *x)                    //进队
{
    if ((Q->rear+1)%Q->max==Q->front)
    {
        printf("队列已满");
        exit(0);
    }
    else
        Q->qu[Q->rear]=x;
        Q->rear=(Q->rear+1)%Q->max;
}

RTreeNode *poll(RQueue *Q)                            //出队
{
    if (Q->front==Q->rear)
        exit(0);
    else
    {
        RTreeNode *t=Q->qu[Q->front];
        Q->front=(Q->front+1)%Q->max;
        return(t);
    }
}

RTreeNode *peek(RQueue *Q)                            //取队尾元素
{
    if (Q->front==Q->rear)
        exit(0);
    else
        return(Q->qu[Q->rear-1]);
}

int length(RQueue *Q)                                 //求队列长度
{
    return((Q->max+Q->rear-Q->front)%Q->max);
}

void  leveltra(RTreeNode *p)                          //树的层次化遍历
{
    //需要补充相关代码
}

void main()
{
    RTreeNode *tree;                                  //定义一棵树
    tree=inittree();                                  //生成一棵树
    leveltra(tree);                                   //层次遍历一棵树
    printf("\n");
    system("pause");
}
```

程序运行结果如图 11-12 所示。

图 11-12 C 程序运行结果

思 考 题

树除了有层次遍历之外，还有先根遍历和后根遍历。先根遍历指先访问树的根，再按照从左到右的顺序访问根的每个子树；先根遍历指先从左到右的顺序访问根的每个子树，最后再访问树的根。例如对于图 11-13 中的树，其先根访问的过程为：先访问根 a，再依次先根访问子树 T_1、T_2 和 T_3，对于 T_1，先访问树根 b，再先根访问 T_4、T_5、T_6、T_7，对于 T_4，访问 e，对于 T_5，先访问 f，再先根访问 T_{10}，对于 T_{10}，访问 k，对于 T_6，访问 g，对于 T_7，访问 h，对于 T_2，访问 c，对于 T_3，先访问 d，再先根访问 T_8 和 T_9，对于 T_8，访问 i，对于 T_9，访问 j，很明显这个过程是递归的。请尝试写出树的先根遍历算法。

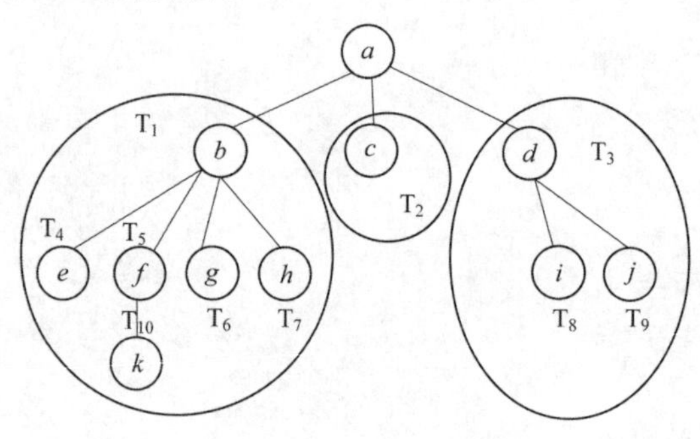

图 11-13 一棵树

实验 12 图的建立和遍历

实验目的

（1）熟悉图，掌握图的基本概念。

（2）熟悉图的存储结构，掌握图的建立方法。

（3）掌握图的遍历实现方法。

实验环境

硬件环境：通常的 PC、内存 4 GB 及以上，硬盘空闲空间 8 GB 及以上。

软件环境：Windows 系列操作系统、Eclipse（Editplus）、VS 2010 或者 VS 2015。

实验准备

1. 图的概念

图是一种非线性的逻辑结构，是由结点和边组成的。图的边如果没有方向，则称此图为无向图，否则称为有向图，本实验是关于无向图的。图和树的区别：图是“多对多”的，图中结点的直接后继和直接前驱可能会大于两个（见图 12-1），而树中的结点只有一个直接前驱。

此时可认为结点 *E* 有 2 个直接前驱 *B* 和 *F*。

2. 图的存储

图有邻接矩阵和邻接表等多种存储方法，本实验采取的是邻接矩阵。图的邻接矩阵是个方阵，行和列的数目等于图中结点个数。如果图中两个结点之间存在边，则起点代表矩阵行号，终点代表矩阵列号，此行号和列号对应的矩阵元素值为 1（如果边有权值，则矩阵元素值为权值）；如果图中两个结点之间没有边，则行号和列号对应的矩阵元素值为 0。图 12-1 对应的邻接矩阵如图 12-2 所示。

结点 *A* 和 0 相对应，结点 *D* 和 3 相对应，结点 *A* 到结点 *D* 存在边，则位于 0 行 3 列的元素为 1。结点 *E* 和 4 相对应，结点 *A* 到结点 *E* 不存在边，则位于 0 行 4 列的元素为 0。

3. 图的建立

图的建立其实就是邻接矩阵的建立：第一，先根据结点的个数确定矩阵的行和列的数目；第二，建立结点和行列号的对应关系；第三，根据边的位置给矩阵的元素赋值。

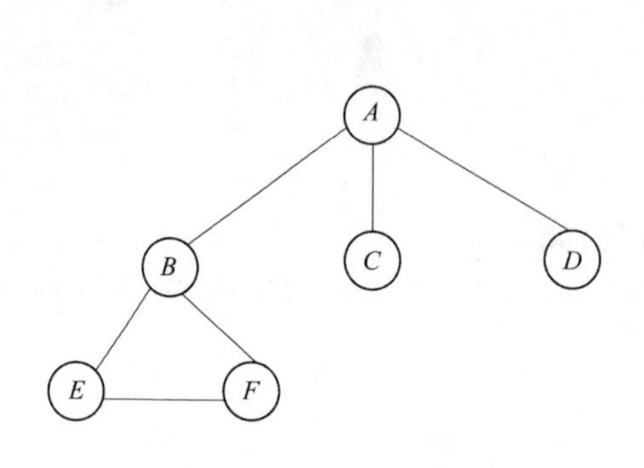

图 12-1　一个无向图

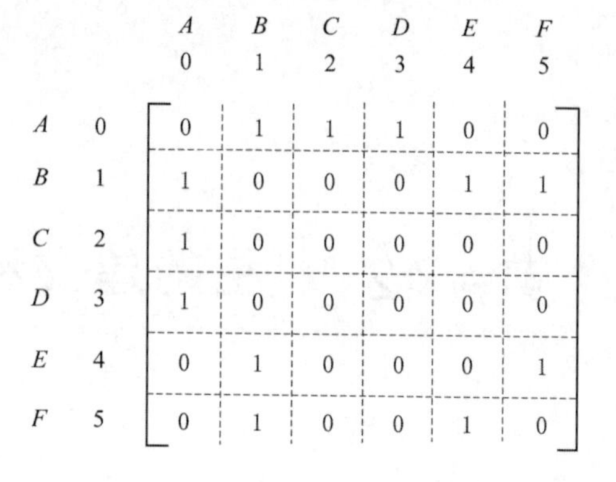

		A 0	B 1	C 2	D 3	E 4	F 5
A	0	0	1	1	1	0	0
B	1	1	0	0	0	1	1
C	2	1	0	0	0	0	0
D	3	1	0	0	0	0	0
E	4	0	1	0	0	0	1
F	5	0	1	0	0	1	0

图 12-2　邻接矩阵图

4. 图的遍历

图的遍历指有且只访问图中的每个结点一次。通常有深度遍历和广度遍历两种方法。

（1）深度遍历：指选定图中一结点，先访问此结点；然后选择此结点的一个未被访问的邻接点，从此邻结点开始再对图进行深度优先遍历；依次进行，直到图中的所有结点被访问为止。

（2）广度遍历：指选定图中一结点，先访问此结点；然后访问此结点的所有未被访问的邻接点；然后再访问其邻接点的所有未被访问的邻接点；依次进行，直到图中的所有结点被访问为止。

实验要求

使用邻接矩阵建立一个如图 12-1 所示的图，并写出其对应的深度遍历算法。

实验分析

图深度遍历是一个递归的过程，其伪代码对应如下：

```
void DFS (A, G)                 //从结点 A 开始对图 G 进行深度遍历
{
    访问 A;
    While(A 还存在未被访问的邻接点 B)
    DFS(B,G)
}
```

对图 12-1 的图从 *A* 结点进行深度遍历的过程如图 12-3 所示。

先访问 *A*，*A* 有 3 个未被访问的邻结点 *B*、*C* 和 *D*，此时这 3 个结点都可以选择，它们并没有主次之分，所有图的深度遍历有多种答案。这里选择 *B* 访问，*B* 有 3 个邻结点 *A*、*E* 和 *F*，但是 *A* 访问过了，所以从 *E* 和 *F* 中选择一个，这里选择 *E* 访问，*E* 只有一个未被访问的邻结点 *F*，对 *F* 进行访问，此时 *F* 的邻接点都被访问过了，返回到递归上一层，E 的邻接点都被访问过了，返回到递归上一层。此时，*B* 还有两个未被访问的邻接点 *C* 和 *D*，选择 *C* 进行访问，*C* 的邻接点都被访问过了，返回到递归上一层，*B* 还有一个未被访问的邻接点 *D*，对 *D* 进行访问，*D* 的邻接点都被访问过了，返回到递归上一层，递归结束。

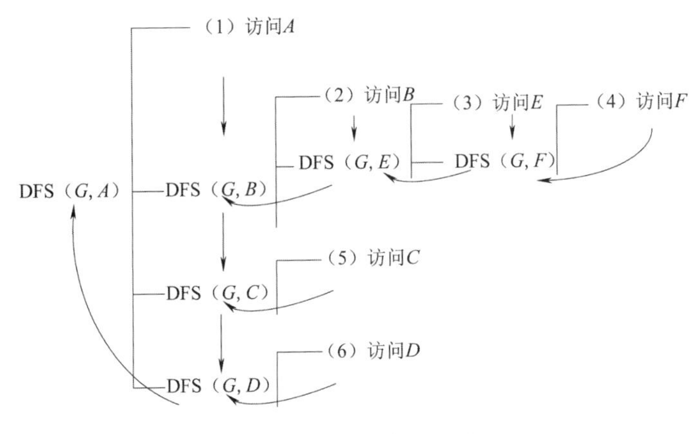

图 12-3　图的深度遍历过程

1. Java 语言实现

采用 Java 代码的实现过程如下：

（1）在 Eclipse 建立一个 Java 工程，如图 12-4 所示，工程名称为 graph001。

（2）在新建的工程里新建 3 个类 Graph、MGraph 和 MGDFS，具体如图 12-5 所示。

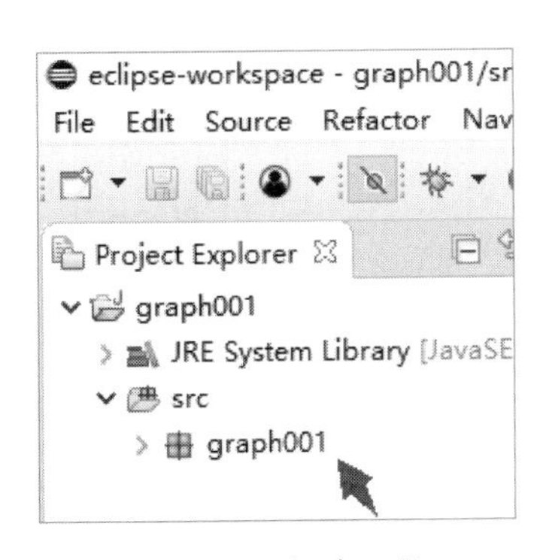

图 12-4　新建工程

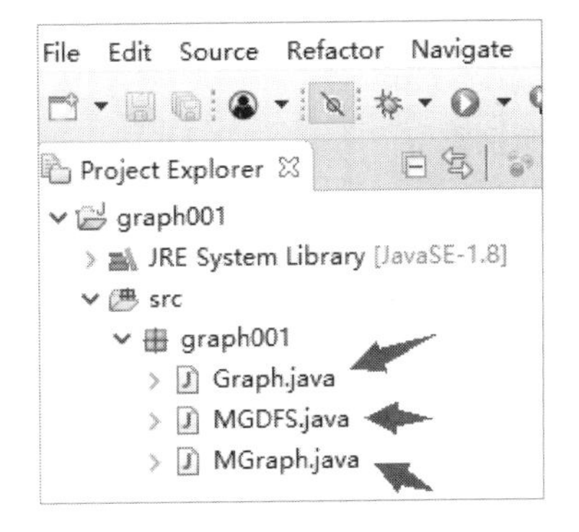

图 12-5　新建 3 个类文件

MGraph 是关于图的类，其对应的代码如下：

```
public class MGraph  {
public int vexNum,arcNum;                   //图的结点数和边数
public char[] vexs;                         //存储图结点的字符数组
public int[][] arcs;                        //对应邻接表的二维数组

public MGraph()                             //图的构造函数
{
    this.vexNum=0;
    this.arcNum=0;
    this.vexs=null;
    this.arcs=null;
}
```

```
public MGraph(int vexNum, int arcNum, char[]  vexs, int[][] arcs)
{
    this.vexNum=vexNum;
    this.arcNum=arcNum;
    this.vexs=vexs;
    this.arcs=arcs;
}

public void createGraph()                   //创建图
{

    vexNum=6;                               //图有 6 个结点
    vexs=new char[6];
    vexs[0]='A';                            //6 个结点的信息值
    vexs[1]='B';
    vexs[2]='C';
    vexs[3]='D';
    vexs[4]='E';
    vexs[5]='F';

    arcNum=6;                               //六条边
    arcs=new int[6][6];                     //邻接矩阵的行数和列数都是 6
    for(int i=0;i<=5;i++)                   //邻接矩阵初始化
       for(int j=0;j<=5;j++)
         arcs[i][j]=0;

    //构造邻接矩阵，需要补充代码
}

public int[][] getArcs()                    //取邻接矩阵函数
{
    return arcs;
}

public char[] getVexs()                     //取顶点数组函数
{
    return vexs;
}

public int getVexNum()                      //取顶点数目函数
{
    return vexNum;
}

public int getArcNum()                      //取边的数目函数
{
    return arcNum;
}
```

```
public char getVex(int v)   throws Exception //求标号对应的顶点，如 0 对应 A
{
    if(v<0 && v>=vexNum)
        throw new Exception("顶点不存在");
    return(vexs[v]);
}

public int locateVex(char vex) //求顶点对应的标号，如 A 对应 0
{
    for(int v=0;v<vexNum;v++)
        if(vexs[v]==vex)
            return(v);
    return(-1);
}

public int firstAdjVex(int v) throws Exception //求标号为 v 的顶点第一个邻接点标
                                               //号，按标号顺序取，所以是唯一的
{
    if(v<0 && v>=vexNum)
         throw new Exception("顶点不存在");
    for(int j=0;j<vexNum;j++)
        if(arcs[v][j]!=0 )
            return(j);
    return (-1);
}

public int nextAdjVex(int v,int w) throws Exception //求标号为 v 的顶点除了标号
              //w 对应的邻接点之外的下一个邻结点的标号，按标号顺序取，所以是唯一的
{
    if(v<0 && v>=vexNum)
        throw new Exception("顶点不存在");
    for(int j=w+1;j<vexNum;j++)
        if(arcs[v][j]!=0 )
            return(j);
    return(-1);
}
}
```

MGDFS 是图的深度遍历类，其对应代码如下：

```
public class MGDFS {
public boolean[] visited;                         //标记结点是否被访问的数组
public void DFST(MGraph G) throws Exception       //深度遍历图
{
    visited= new boolean[G.getVexNum()];          //生成标记结点是否被访问的数组
    for(int v=0;v<G.getVexNum();v++)              //标记结点是否被访问的数组初始化
    visited[v]=false;
    DFS(G,0);                                     //从标号为 0 的结点开始深度遍历
}

public void DFS(MGraph G,int v) throws Exception //从标号为 v 的结点开始深度遍历
```

```
{
    //需要补充代码
}
```

Graph 是 main()函数的入口类，其对应的代码如下：

```
public class Graph {
public static void main(String args[ ]) throws Exception
{
    MGDFS AAA;                          //声明深度遍历对象
    MGraph G;                           //声明图
    G=new MGraph();                     //创建图
    G.createGraph();
    AAA=new MGDFS();                    //创建深度遍历对象
    System.out.println("图的深度遍历: ");
    AAA.DFST(G);                        //对图进行深度遍历
}
}
```

程序运行结果如图 12-6 所示。

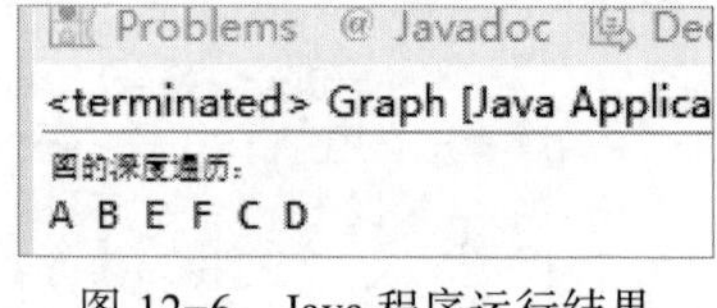

图 12-6　Java 程序运行结果

2. C++语言实现

采用 C++代码的实现的过程如下：

（1）在 VS 2010（2015）建立一个空工程，如图 12-7 所示。

（2）在新建的工程中新建 graph.h、DFSG.h 和 main.cpp 文件，如图 12-8 所示。

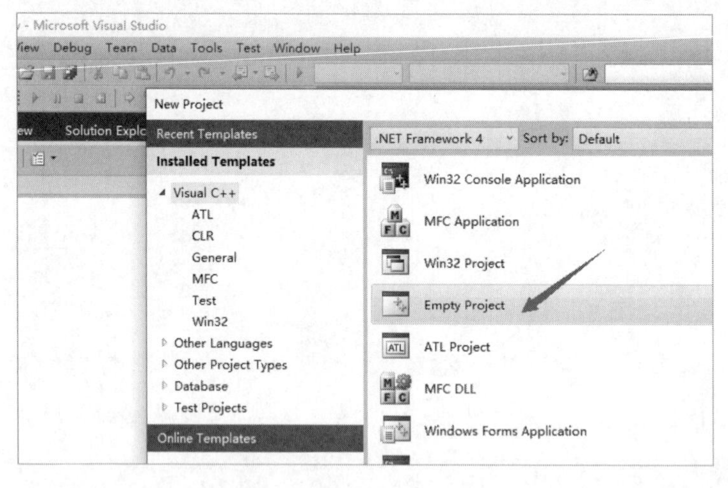

图 12-7　新建空工程

图 12-8　新建 4 个文件

（3）输入 graph.h、DFSG.h 和 main.cpp 代码。

graph.h 是实现图的类，其对应的代码如下：

```
#include <iostream>
using namespace std;
#define N 6                                 //顶点个数
#define M 6                                 //边的个数
//图类
```

```
class MGraph  {
public:
int vexNum,arcNum;                                  //顶点和边
char vexs[N];                                       //存储顶点的字符数组
int  arcs[N][N];                                    //邻接矩阵

MGraph()
{
   vexNum=N;                                        //顶点和边的数目初始化
   arcNum=M;
   vexs[0]='A';                                     //顶点初始化
   vexs[1]='B';
   vexs[2]='C';
   vexs[3]='D';
   vexs[4]='E';
   vexs[5]='F';

   for(int i=0;i<N;i++)                             //邻接矩阵初始化
   for(int j=0;j<N;j++)
       arcs[i][j]=0;

   //构造邻接矩阵，需要补充代码
}
public:
int getVexNum()                                     //返回顶点数目
{
   return vexNum;
}

int getArcNum()                                     //返回边的数目
{
     return arcNum;
}

char getVex(int v)                                  //获取标号对应的顶点
{
     if(v<0 && v>=vexNum)
     {
     cout<<"顶点不存在";
     exit(0);
     }
     return(vexs[v]);
}
int locateVex(char vex)                             //获取顶点对应的标号
{
     for(int v=0;v<vexNum;v++)
          if(vexs[v]==vex)
              return(v);
     return(-1);
}
```

```
int firstAdjVex(int v)                  //求标号为 v 的顶点第一个邻接点的标号
{
    if(v<0 && v>=vexNum)
    {
      cout<<"顶点不存在";
      exit(0);
    }
      for(int j=0;j<vexNum;j++)
         if(arcs[v][j]!=0)
          return(j);
    return (-1);
}

int nextAdjVex(int v,int w)    //求标号为 v 的顶点除了标号 w 对应的邻接点之外的下一个
                               //邻结点的标号，按标号顺序取，所以是唯一的
{
    if(v<0 && v>=vexNum)
     {
       cout<<"顶点不存在";
       exit(0);
     }
    for(int j=w+1;j<vexNum;j++)
       if(arcs[v][j]!=0)
         return(j);
    return (-1);
}
};
```

DFSG.h 是实现图深度遍历的类，其对应的代码如下：

```
#include "graph.h"
class DFSG                         //深度遍历类
{
    public:
    bool visited[N];               //结点访问数组
    MGraph G;

DFSG()                             //构造函数
{
    MGraph *A;
    A=new MGraph();
    G=*A;
}
void DDFS()                        //深度遍历
{
   for(int v=0;v<N;v++)            //访问数组初始化，都是 false
       visited[v]=false;
   DFS(G,0);                       //从标号为 0 的顶点开始深度遍历
}
```

```
    void DFS(MGraph G,int v)          //从标号为 0 的顶点开始深度遍历
    {
        //代码需要补充
    }
};
```

main.cpp 是主函数入口，其对应的代码如下：

```
#include <process.h>
#include "DFSG.h"
int main()
{
    DFSG XX;                          //定义深度遍历对象
    XX.DDFS();                        //对图进行深度遍历
    system("pause");
    return(0);
}
```

程序运行结果如图 12-9 所示。

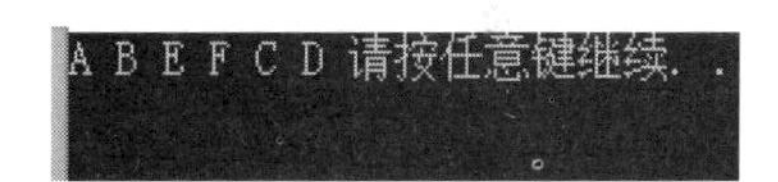

图 12-9　C++程序运行结果

3. C 语言实现

采用 C 代码的实现过程如下：

（1）在 VS 2010（2015）建立一个空工程，如图 12-10 所示。

（2）在新建的工程中新建 graph.h、DFSG.h 和 main.cpp 文件，如图 12-11 所示。

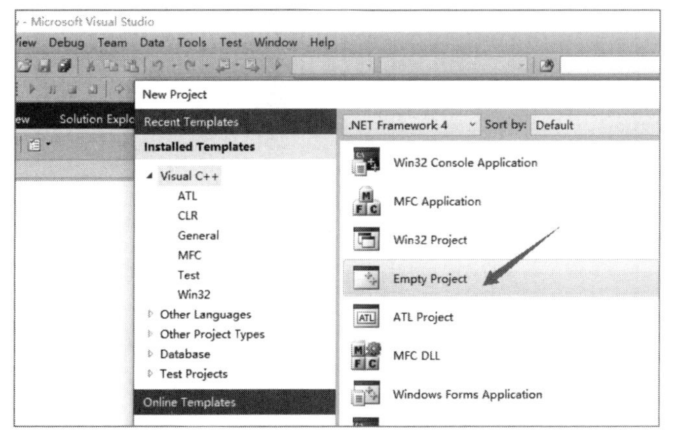

图 12-10　新建空工程

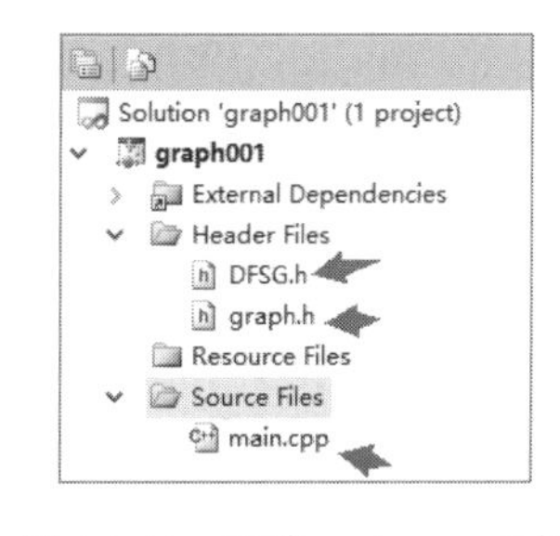

图 12-11　新建 main.cpp 文件

（3）输入 graph.h、DFSG.h 和 main.cpp 代码。

graph.h 是关于图的定义，代码如下：

```
#include <stdio.h>
#include <stdlib.h>
#include <process.h>
#include<string>
#define N 6                                   //顶点个数
#define M 6                                   //边的个数
```

```
typedef struct MGraph                          //图的定义
{
    int vexNum,arcNum;                         //顶点和边的数目
    char vexs[N];                              //存储顶点的字符数组
    int  arcs[N][N];                           //邻接矩阵
} RGraph;

int getVexNum(MGraph G)                        //获取边数
{
    return G.vexNum;
}

int getArcNum(MGraph G)                        //获取定点数
{
    return G.arcNum;
}

char getVex(MGraph G,int v)                    //获取标号为 v 的顶点
{
   if(v<0 && v>=G.vexNum)
   {
     printf("顶点不存在");
     exit(0);
   }
   return(G.vexs[v]);
}

int locateVex(MGraph G,char vex)               //获取顶点 vex 的标号
{
   for(int v=0;v<G.vexNum;v++)
        if(G.vexs[v]==vex)
             return(v);
   return(-1);
}

int firstAdjVex(MGraph G,int v)                //求标号为 v 的顶点的第一个邻接点
{
     if(v<0 && v>=G.vexNum)
     {
        printf("顶点不存在");
        exit(0);
     }
     for(int j=0;j<G.vexNum;j++)
        if(G.arcs[v][j]!=0)
             return(j);
        return (-1);

}
```

```
int nextAdjVex( MGraph G,int v,int w)  //求标号为v的顶点除了标号w对应的邻接点之
                                       //外的下一个邻结点的标号，按标号顺序取，所以是唯一的
{
    if(v<0 && v>=G.vexNum)
    {
      printf("顶点不存在");
      exit(0);
    }
    for(int j=w+1;j<G.vexNum;j++)
       if(G.arcs[v][j]!=0)
        return(j);
    return (-1);
}
```

DFSG.h 是关于图深度遍历的代码，具体如下：

```
#include "graph.h"
typedef  struct  DFSG
{
    bool visited[N];                  //顶点访问数组
    MGraph G;                         //需要深度遍历的图
} RDFSG;

void DFS(RDFSG *DG,int v)             //从标号为v的顶点开始遍历
{
    //需要补充代码
}

void DDFS(RDFSG DG)                   //从标号0的顶点开始遍历
{
    DFS(&DG,0);
}
```

main.cpp 是主函数的入口，其对应的代码如下：

```
#include "DFSG.h"
RGraph creategraph( )
{
    RGraph G,*G1;
    G1=(struct MGraph *)malloc(sizeof(struct MGraph)); //生成图
    G=*G1;
    G.vexNum=N;                       //设置顶点数
    C.arcNum=M;                       //设置边数
    G.vexs[0]='A';                    //初始化顶点数组
    G.vexs[1]='B';
    G.vexs[2]='C';
    G.vexs[3]='D';
    G.vexs[4]='E';
    G.vexs[5]='F';
```

```
    for(int i=0;i<N;i++)                    //初始化邻接矩阵
        for(int j=0;j<N;j++)
            G.arcs[i][j]=0;

    //构造邻接矩阵，需要补充代码
    return(G);
}

RDFSG createDFSG( )                         //初始化深度遍历
{
    RDFSG DG,*DG1;
    DG1=(struct DFSG *)malloc(sizeof(struct DFSG));
    DG=*DG1;

    DG.G=creategraph( );                    //创建图
    for(int v=0;v<N;v++)                    //把访问标志都初始化为 false;
      DG.visited[v]=false;
    return(DG);
}

void main()
{
    RDFSG DG;
    DG=createDFSG( );                       //创建深度遍历
    DDFS(DG);                               //对图进行深度遍历
    system("pause");
}
```

程序运行结果如图 12-12 所示。

```
A B E F C D请按任意键继续.
```

图 12-12　C 程序运行结果

思　考　题

请写出图的广度遍历算法。

提示：在图的广度遍历中，当结点 A 的邻接结点 B 被访问后，并不是立即访问 B 的未被访问的邻接点，而是继续访问 A 的未被访问的邻接点，所以 B 的未被访问的邻接点要被记录下来。先访问 A，再访问 A 的邻接点 B，再访问 A 的其他未被访问邻接点，再访问 B 的未被访问的邻接点，这符合“先进先出”的特点，所以采用队列对图的结点进行存储。图的广度遍历如下：

```
Void BFS (G, v)                         //从点 v 对图 G 进行广度优先遍历
{
    定义生成一个队列 Q;
    结点 v 进队列，并设置其访问标志为 true;
    While (Q 不为空)
    {
        出队列;
        访问出队列元素;
```

```
        While(出队列元素存在未被访问的邻接点 w)
        {
            w 进队列，并设置其访问标志为 true;
        }
} }
```

对于图 12-11 中的图，BFS（G，A）的过程如图 12-13 所示。

	队尾 …… 队首	
开始：	A	
		访问A
	B	
	C B	
	D C B	
	D C	访问B
	E D C	
	F E D C	
	F E D	访问C
	F E	访问D
	F	访问E
结束：		访问F

图 12-13　广度遍历运行过程

实验 13　求无向图的连通分量个数

实验目的

（1）熟悉连通图，掌握连通分量的基本概念。

（2）掌握求无向图的连通分量个数的算法。

实验环境

硬件环境：通常的 PC、内存 4 GB 及以上，硬盘空闲空间 8 GB 及以上。

软件环境：Windows 系列操作系统、Eclipse（Editplus）、VS 2010 或者 VS 2015。

实验准备

连通图和连通分量的概念：

在一个无向图 G 中，如果点 A 到点 B 之间有路径，则称 A 和 B 是连通的；如果图 G 中任意两个点均是连通的，则称该图是连通图，否则称为非连通图；无向图中的极大连通子图称为连通分量，如图 13-1 所示。

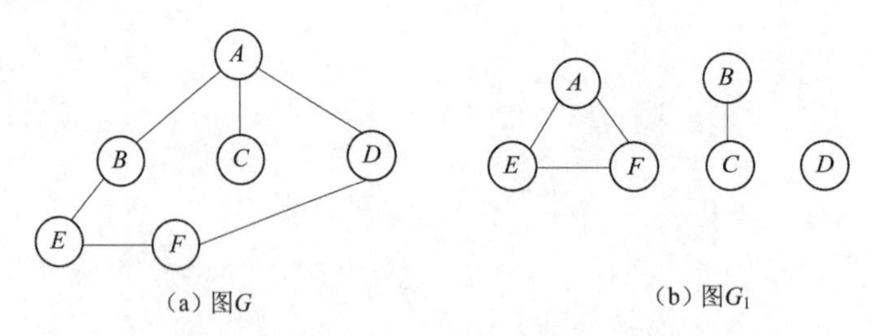

图 13-1　一个连通图 G 和一个非连通图 G_1

图 G 是一个连通图；而图 G_1 是一个非连通图，其包括 3 个连通分量，它们的顶点集合分别是 $\{A, E, F\}$、$\{B、C\}$ 和 $\{D\}$。

实验要求

使用邻接矩阵建立一棵如图 13-1 中的图 G_1，并写出求其连通分量的算法，需要显示出每个连通分量所包含的顶点。

实验分析

求连通分量其实就是从图的每个顶点进行图的遍历的过程，从图的一个顶点 V_0 进行遍历，连通分量个数初始值为 1，访问一个顶点后，对此顶点做访问标记。

当从 V_0 遍历结束后，再从顶点 V_1 进行遍历，如果 V_1 未被访问，则说明从 V_0 开始的遍历没有访问到 V_1，则 V_1 和 V_0 处于不同的连通分量，此时连通分量个数加 1 为 2。如果 V_1 已经被访问，则说明从 V_0 开始的遍历也访问了 V_1，则 V_1 和 V_0 处于相同的连通分量，此时连通分量个数还是 1，从 V_1 顶点开始的遍历结束。按照上述的方法对图的每个顶点进行遍历访问，直到结束。

遍历可采用深度遍历或广度遍历，本实验采用广度遍历，访问的过程如图 13-2 所示。

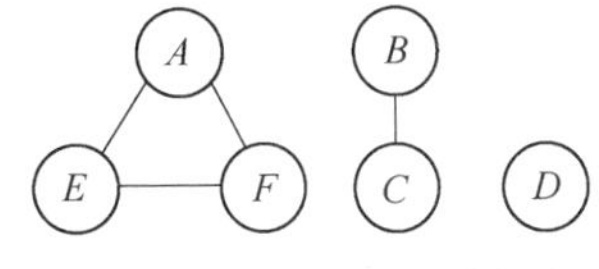

（1）从A开始广度遍历，A未被访问，访问A、E、F，连通分量为1。
（2）从B开始广度遍历，B未被访问，访问B、C，连通分量加1为2。
（3）从C开始广度遍历，C已被访问，此次遍历结束，连通分量为2。
（4）从D开始广度遍历，D未被访问，访问D，连通分量加1为3。
（5）从E开始广度遍历，E已被访问，此次遍历结束，连通分量为3。
（6）从F开始广度遍历，F已被访问，此次遍历结束，连通分量为3；至此全部结束，连通分量为3。

图 13-2　求 G_1 的非连通分量个数的过程

代码实现

1.Java 语言实现

采用 Java 代码的实现过程如下：

（1）在 Eclipse 建立一个 Java 工程，具体如图 13-3 所示，工程名称为 gra002。

（2）在新建的工程里新建 4 个类 queue、MGraph、MGBFS 和 maingraph，具体如图 13-4 所示。

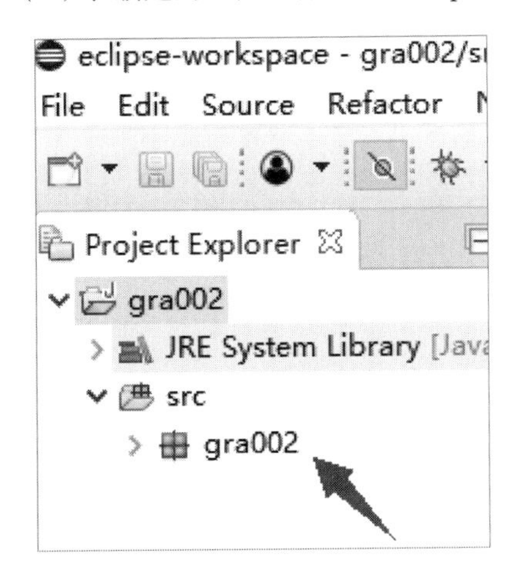

图 13-3　新建工程

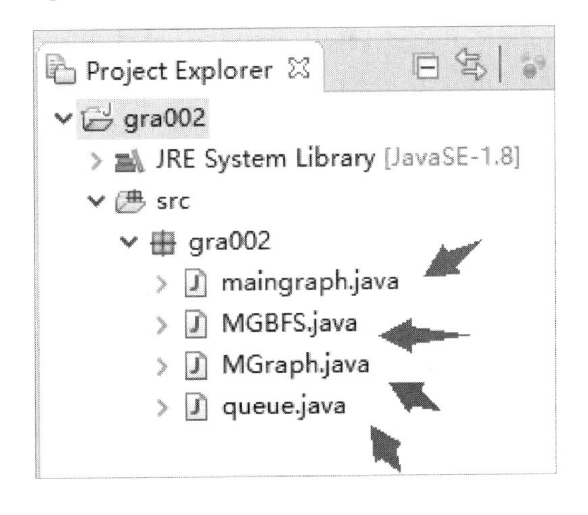

图 13-4　新建 4 个类文件

MGraph 是关于图的类，其对应的代码如下：

```
public class MGraph  {
public int vexNum,arcNum;                 //图的结点数和边数
public char[] vexs;                       //存储图结点的字符数组
public int[][] arcs;                      //对应邻接表的二维数组
```

```
public MGraph()                              //图的构造函数
{
    this.vexNum=0;
    this.arcNum=0;
    this.vexs=null;
    this.arcs=null;
}

public MGraph(int vexNum, int arcNum, char[]  vexs,int[][] arcs)
{
    this.vexNum=vexNum;
    this.arcNum=arcNum;
    this.vexs=vexs;
    this.arcs=arcs;
}

public void createGraph()                    //创建图
{

    vexNum=6;                                //图有 6 个结点
    vexs=new char[6];
    vexs[0]='A';                             //6 个结点的信息值
    vexs[1]='B';
    vexs[2]='C';
    vexs[3]='D';
    vexs[4]='E';
    vexs[5]='F';
    arcNum=4;                                //6 条边
      arcs=new int[6][6];                    //邻接矩阵的行数和列数都是 6

      for(int i=0;i<=5;i++)                  //邻接矩阵初始化
            for(int j=0;j<=5;j++)
                arcs[i][j]=0;

  //构造邻接矩阵，需要补充代码
}

public int[][] getArcs()                     //取邻接矩阵函数
{
    return arcs;
}

public char[] getVexs()                      //取顶点数组函数
{
    return vexs;
}

public int getVexNum()                       //取顶点数目函数
{
    return vexNum;
```

```
}

public int getArcNum()                          //取边的数目函数
{
    return arcNum;
}

public char getVex(int v)throws Exception //求标号对应的顶点，如 0 对应 A
{
    if(v<0 && v>=vexNum)
        throw new Exception("顶点不存在");
    return(vexs[v]);
}

public int locateVex(char vex)                  //求顶点对应的标号，如 A 对应 0
{
    for(int v=0;v<vexNum;v++)
        if(vexs[v]==vex)
            return(v);
    return(-1);
 }

public int firstAdjVex(int v) throws Exception //求标号为 v 的顶点第一个邻接点标
                                               //号，按标号顺序取，所以是唯一的
{
    if(v<0 && v>=vexNum)
        throw new Exception("顶点不存在");
    for(int j=0;j<vexNum;j++)
        if(arcs[v][j]!=0 )
            return(j);
    return(-1);
}

public int nextAdjVex(int v,int w) throws Exception //求标号为 v 的顶点除了标号
            //w 对应的邻接点之外的下一个邻结点的标号，按标号顺序取，所以是唯一的
{
    if(v<0 && v>=vexNum)
        throw new Exception("顶点不存在");
    for(int j=w+1;j<vexNum;j++)
        if(arcs[v][j]!=0 )
            return(j);
    return (-1);
}
}
```

queue 是队列类，其对应代码如下：

```
public class queue
{
   public char qu[];
```

```
 public int front,rear,max;
 //队列初始化
 public queue()
{
        qu=new char[100];
     max=50;
        front=0;
        rear=0;
}

//入队列
public void offer(char x)
{
if ((rear+1)%max==front)
{
    System.out.print("队列已满");
    System.exit(0);
      return;
}
else
    qu[rear]=x;

    rear=(rear+1)%max;
}
//出队列
public char poll()
{
if (front==rear)
{
    System.out.print("队列为空");
    System.exit(0);
    return('n');
}
else
{
    char t=qu[front];
    front=(front+1)%max;
    return(t);
}
}
//求队列长度
public int length()
{
   return((max+rear-front)%max);
}
//取队尾元素
public char peek()
{
   if (front==rear)
{
```

```
        System.out.print("队列为空");
        System.exit(0);
        return('n');
    }
        else
            return(qu[rear-1]);
    }
    //判断队列是否为空
    public boolean empty()
    {
        if(rear==front)
                return(true);
        else
                return(false);
    }
    //队列清空
    public void clear()
    {
        front=0;
        rear=0;
    }
}
```

MGBFS 是求图的连通分量的类，其对应代码如下：

```
public class MGBFS {
public boolean[] visited;                  // 顶点访问标志数组
//求图 G 的连通分量个数，并显示每个连通分量的顶点
public void BFST(MGraph G) throws Exception
{
    visited= new boolean[G.getVexNum()];
    int i=1;                                //连通分量计时器

    for(int v=0;v<G.getVexNum();v++) // 顶点访问标志数组初始化为 false
    visited[v]=false;

    //代码需要补充
}
}

//从顶点 v 开始对图 G 进行广度遍历
public void BFS(MGraph G,int v) throws Exception
{
    //代码需要补充
}
```

maingraph 是 main()函数的入口类，其对应的代码如下：

```
public class maingraph {
public static void main(String args[]) throws Exception
```

```
    {
        MGraph G;                          //声明一个图 G 对象
        G=new MGraph();                    //生成图 G 对象
        G.createGraph();                   //图 G 初始化
        MGBFS BBB=new MGBFS();             //生成广度遍历对象
        BBB.BFST(G);                       //求图的连通分量
    }
}
```

程序运行结果如图 13-5 所示。

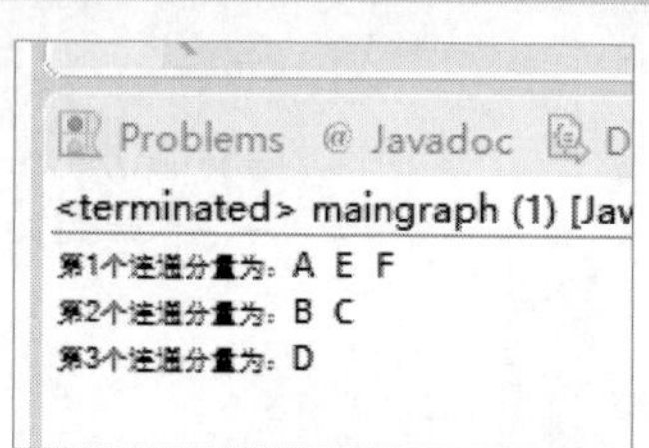

图 13-5　Java 程序运行结果

2.C++语言实现

采用 C++代码的实现过程如下：

（1）在 VS 2010（2015）建立一个空工程，如图 13-6 所示。

（2）在新建的工程中新建 graph.h、queue.h、BFSG.h 和 main.cpp 文件，如图 13-7 所示。

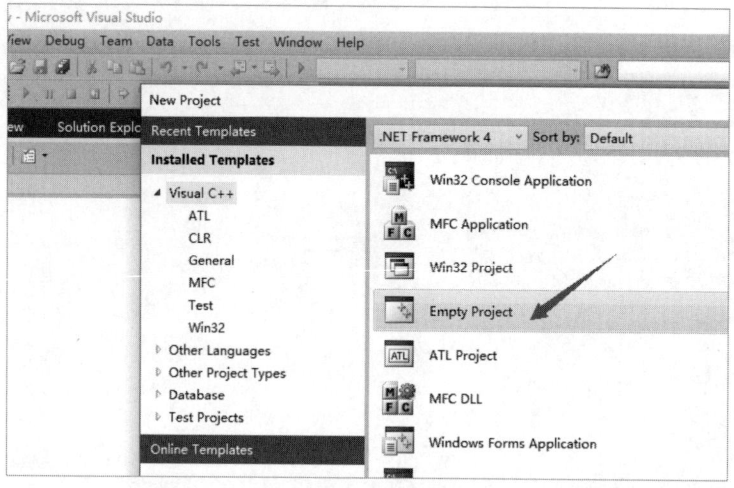

图 13-6　新建空工程

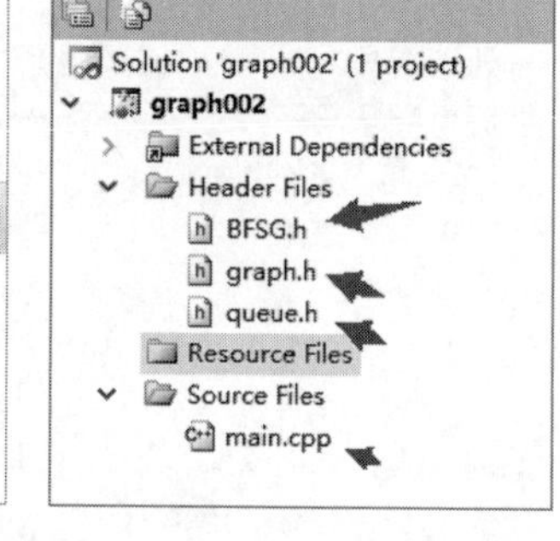

图 13-7　新建 4 个文件

（3）输入 graph.h、queue.h、BFSG.h 和 main.cpp 代码。

graph.h 是实现图的文件，其对应的代码如下：

```
#include <iostream>
using namespace std;
#define N1  6                              //顶点个数
#define M 4                                //边的个数
//图类
class MGraph  {
public:
int vexNum,arcNum;                         //顶点和边
char vexs[N1];                             //存储顶点的字符数组
int  arcs[N1][N1];                         //邻接矩阵
```

```
 MGraph()
 {
    vexNum=N;                              //顶点和边的数目初始化
    arcNum=M;
    vexs[0]='A';                           //顶点初始化
    vexs[1]='B';
    vexs[2]='C';
    vexs[3]='D';
    vexs[4]='E';
    vexs[5]='F';

    for(int i=0;i<N1;i++)                  //邻接矩阵初始化
        for(int j=0;j<N1;j++)
           arcs[i][j]=0;

    //构造邻接矩阵，需要补充代码
 }
 public:
 int getVexNum()                           //返回顶点数目
 {
     return vexNum;
 }

 int getArcNum()                           //返回边的数目
 {
     return arcNum;
 }

 char getVex(int v)                        //获取标号对应的顶点
 {
     if(v<0 && v>=vexNum)
     {
        cout<<"顶点不存在"²";
        exit(0);
     }
     return(vexs[v]);
 }

 int locateVex(char vex)                   //获取顶点对应的标号
 {
     for(int v=0;v<vexNum;v++)
         if(vexs[v]==vex)
             return(v);
     return(-1);
  }

 int firstAdjVex(int v)                    //求标号为v的顶点第一个邻接点的标号
 {
     if(v<0 && v>=vexNum)
     {
```

```
            cout<<"顶点不存在";
            exit(0);
        }
        for(int j=0;j<vexNum;j++)
            if(arcs[v][j]!=0)
                return(j);
        return (-1);
    }

    int nextAdjVex(int v,int w)  //求标号为 v 的顶点除了标号 w 对应的邻接点之外的下一个
                                 //邻结点的标号，按标号顺序取，所以是唯一的
    {
        if(v<0 && v>=vexNum)
        {
            cout<<"顶点不存在";
            exit(0);
        }
        for(int j=w+1;j<vexNum;j++)
            if(arcs[v][j]!=0)
                return(j);
        return (-1);
    }
};
```

queque.h 是队列文件，其对应的代码如下：

```
#include<iostream>
#include<string>
#define N 100
using namespace std;

class queue
{
public:
   char qu[N];
   int front,rear,max;
   queue()
   {
      max=50;
      front=0;
      rear=0;
   }

   queue()
   {
   }

   void offer(char x);        //入队
   char poll();               //出队
   int length();              //求队列长度
```

```
    char peek();              //求队尾元素
    bool empty()              //判空
    {
        if(rear==front)
            return(true);
        else
            return(false);
    }
    void clear()              //队列清空
    {
        front=0;
        rear=0;
    }
};

void queue::offer(char x)
{
    if((rear+1)%max==front)
    {
        cout<<"队列已满";
        exit(0);
    }
    else
        qu[rear]=x;
        rear=(rear+1)%max;
}

char queue::poll()
{
    if(front==rear)
        exit(0);
    else
    {
        char t=qu[front];
        front=(front+1)%max;
        return(t);
    }
}

char queue::peek()
{
    if(front==rear)
        exit(0);
    else
        return(qu[rear-1]);
}

int queue::length()
{
    return((max+rear-front)%max);
}
```

BFSG.h 是实现求图连通分量的文件，其对应的代码如下：

```
#include "graph.h"

class BFSG
{

    public:
       bool visited[N];
       MGraph G;
       int i;

    BFSG()
    {
        MGraph *A;
        A=new MGraph();
        G=*A;
     }

     void BDFS();                          //求图的连通分量函数
     void BFS(MGraph G,int v);             //从顶点 v 开始对图 G 进行广度遍历
};

void BFSG::BDFS()
{
   for(int v=0;v<N;v++)                    //访问标志数组
       visited[v]=false;
       i=1;                                //连通分量计数器

        //需要补充代码
}

 void BFSG::BFS(MGraph G,int v)
{
     //需要补充代码
}
```

Main.cpp 是主函数入口，其对应的代码如下：

```
int main()
{
    MGraph *G;                             //声明 G 对象
    G=new MGraph();                        //生成 G 对象
    BFSG *BBB;                             //声明 BBB 对象
    BBB= new BFSG();                       //生成 BBB 对象
    BBB->BDFS();                           //求图的连通分量
    system("pause");
    return(0);
}
```

程序运行结果如图 13-8 所示。

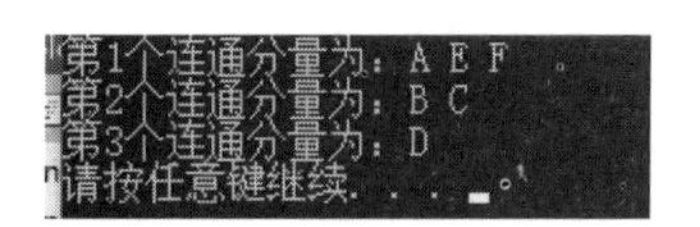

图 13-8　C++程序运行结果

3.C 语言实现

采用 C 代码的实现过程如下：

（1）在 VS 2010（2015）建立一个空工程，如图 13-9 所示。

（2）在新建的工程中新建 MGraph.h、queue.h、BFSG.h 和 main.cpp 文件，如图 13-10 所示。

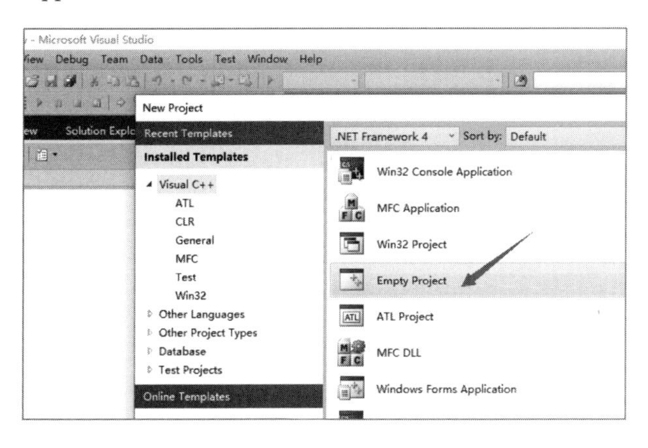

图 13-9　新建空工程

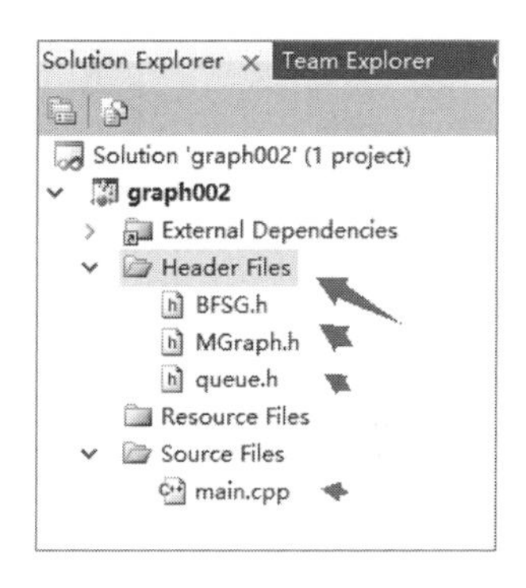

图 13-10　新建 main.cpp 文件

（3）输入 MGraph.h、DFSG.h 和 main.cpp 代码。

MGraph.h 是关于图的定义，代码如下：

```
#include <stdio.h>
#include <stdlib.h>
#include <process.h>
#include<string>
#define N  6                              //顶点个数
#define M  4                              //边的个数

typedef struct MGraph                     //图的定义
{
    int vexNum,arcNum;                    //顶点和边的数目
    char vexs[N];                         //存储顶点的字符数组
    int  arcs[N][N];                      //邻接矩阵
} RGraph;

int getVexNum(MGraph G)                   //获取边数
{
   return G.vexNum;
}

int getArcNum(MGraph G)                   //获取定点数
{
   return G.arcNum;
}
```

```
char getVex(MGraph G,int v)          //获取标号为 v 的顶点
{
   if(v<0 && v>=G.vexNum)
   {
      printf("顶点不存在");
      exit(0);
   }
   return(G.vexs[v]);
}

int locateVex(MGraph G,char vex)  //获取顶点 vex 的标号
{
   for(int v=0;v<G.vexNum;v++)
       if(G.vexs[v]==vex)
           return(v);
   return(-1);
}

int firstAdjVex(MGraph G,int v)   //求标号为 v 的顶点的第一个邻接点
{
    if(v<0 && v>=G.vexNum)
    {
        printf("顶点不存在");
        exit(0);
    }
    for(int j=0;j<G.vexNum;j++)
        if(G.arcs[v][j]!=0)
            return(j);
    return (-1);
}

int nextAdjVex( MGraph G,int v,int w) // 求标号为 v 的顶点除了标号 w 对应的邻接点之
                                      //外的下一个邻结点的标号，按标号顺序取，所以是唯一的
{
    if(v<0 && v>=G.vexNum)
    {
        printf("顶点不存在");
        exit(0);
    }
    for(int j=w+1;j<G.vexNum;j++)
        if(G.arcs[v][j]!=0)
            return(j);
    return (-1);
}
```

queue.h 是图的广度遍历所需要的文件.代码如下：

```
#include <stdio.h>
#include <stdlib.h>
#include <process.h>
```

```
#include<string>
#define NN 100

typedef struct Queue                    //队列结构
{
    int front,rear;
    char qu[NN];
    int max;
} RQueue;

RQueue init()                           //队列生成和初始化
{
    RQueue *SS;
    SS=(struct Queue *)malloc(sizeof(struct Queue));
    SS->front=0;
    SS->rear=0;
    SS->max=50;
    return(*SS);
 }

 bool empty(RQueue Q)                   //队列判空
 {
     if(Q.rear==Q.front)
         return(true);
     else
     return(false);
 }

void clear(RQueue *Q)                   //清空队列
{
   Q->front=0;
   Q->rear=0;
}

void offer(RQueue *Q,char x)            //入队
{
   if ((Q->rear+1)%Q->max==Q->front)
   {
       printf("队列已满");
       exit(0);
   }
   else
       Q->qu[Q->rear]=x;

       Q->rear=(Q->rear+1)%Q->max;
}

char poll(RQueue *Q)                    //出队
{
    if (Q->front==Q->rear)
        exit(0);
    else
    {
```

```
        char t=Q->qu[Q->front];
        Q->front=(Q->front+1)%Q->max;
        return(t);
    }
 }

char peek(RQueue *Q)                    //求队尾元素
{
   if (Q->front==Q->rear)
       exit(0);
   else
       return(Q->qu[Q->rear-1]);
}

int length(RQueue *Q)                   //求队列长度
{
    return((Q->max+Q->rear-Q->front)%Q->max);
}
```

BFSG.h 是求图连通分量的代码，具体如下：

```
#include "MGraph.h"
#include "queue.h"

typedef struct BFSG
{
    bool visited[N];
    MGraph G;
    int i;
} RBFSG;

void BFS(RBFSG *DG,int v)           //从顶点 v 开始对图*DG 进行广度遍历
{
    //需要补充代码
}

void BBFS(RBFSG DG)                 //求图的连通分量
{
     for(int v=0;v<N;v++)           //访问标志数组初始化
         DG.visited[v]=false;
         DG.i=1;                    //连通分量计数器初始化

          //需要补充代码
}
```

main.cpp 是主函数的入口，其对应的代码如下：

```
#include "BFSG.h"

RGraph creategraph( )                 //创建图
{
   RGraph G,*G1;
   G1=(struct MGraph *)malloc(sizeof(struct MGraph));
```

```
    G=*G1;
    G.vexNum=N;
    G.arcNum=M;
    G.vexs[0]='A';
    G.vexs[1]='B';
    G.vexs[2]='C';
    G.vexs[3]='D';
    G.vexs[4]='E';
    G.vexs[5]='F';

    for(int i=0;i<N;i++)              //邻接矩阵初始化
        for(int j=0;j<N;j++)
            G.arcs[i][j]=0;

    //构造邻接矩阵，需要补充代码
    return(G);
}

RBFSG  createBFSG( )                  //生成广度遍历变量
{
     RBFSG DG,*DG1;
     DG1=(struct BFSG *)malloc(sizeof(struct BFSG));
     DG=*DG1;
     DG.G=creategraph( );
     return(DG);
}

void main()
{
    RBFSG DG;
    DG=createBFSG( );
    BBFS(DG);    //求图的连通分量
    system("pause");
}
```

程序运行结果如图13-11所示。

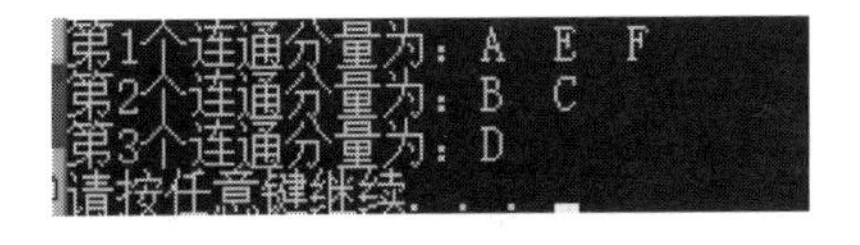

图13-11　C程序运行结果

思考题

判断一个无向图是否是连通图。

提示：从图的每个结点进行遍历；在完成上述遍历之后，如果连通分量的个数还是1，则说明此图是连通图，否则此图是非连通图。

实验 14 查找应用：哈希表的构造

实验目的

（1）熟悉查找，掌握查找的基本概念。

（2）熟悉哈希表的存储结构，掌握哈希表的建立方法。

（3）掌握求平均查找长度（ASL）的方法。

实验环境

硬件环境：通常的 PC、内存 4 GB 及以上，硬盘空闲空间 8 GB 及以上。

软件环境：Windows 系列操作系统、Eclipse（Editplus）、VS 2010 或者 VS 2015。

实验准备

1.哈希表的概念

哈希表是根据关键字（Key）而直接进行访问的数据结构。也就是说，它通过把关键字映射到表中一个位置来访问记录，以加快查找的速度，这个映射函数叫作哈希表函数，存放记录的数组叫作哈希表。

本实验采取的哈希函数为除留余数法。即取关键字被某个不大于散列表表长 m 的数 p 除后所得的余数为散列地址。例如，关键字为 15，哈希函数为关键字%7，则得到的余数 1 就是关键字 15 的存储地址。

有可能会发生多个关键码值映射到哈希表中一个位置，比如对于关键字 15、22，哈希函数为关键字%7，则 15 和 22 通过哈希函数计算到的存储地址都是 1，此时就产生了冲突。

处理冲突有很多种方法，本实验采取的是开放地址法，$H_i=(H(\text{key})+d_i)$ MOD m，$i=1, 2, \cdots, k(k<=m-1)$，其中 $H(\text{key})$为散列函数，m 为散列表长，d_i为增量序列。本实验的增量序列采用线性探测再散列，即 d_i为 1，2，…，$m-1$。

2.平均查找长度（ASL）

指查询某个关键字所需要的平均查找次数，可以先求得每个关键字所需要的查找次数，再对它们求和，最后除以关键字个数就得到了平均查找长度，平均查找长度分成功和失败两种，本实验只考虑成功的查找长度。

实验要求

对 6 个关键字序列 1、8、6、10、13、20，采用 key%7 作为哈希函数在长度为 8 的存储空间内构造一个哈希表，用开放地址法处理冲突，增量序列采用线性探测再散列，并写出求查找成功的平均查找长度（ASL）的程序。

实验分析

关键字序列构造哈希表的过程如图 14-1 所示。

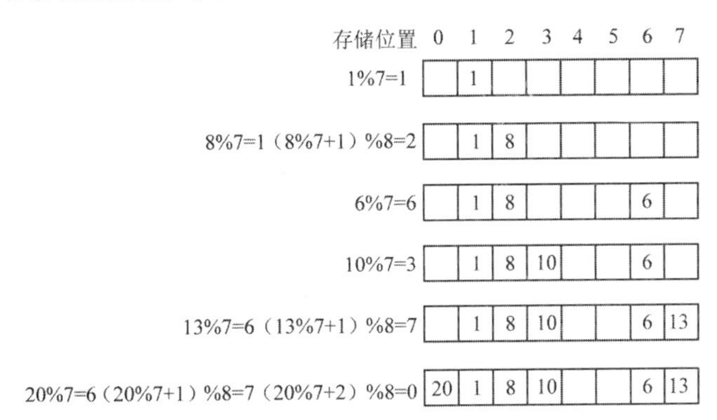

图 14-1　哈希表构造过程

每个关键字查询的次数如表 14-1 所示。

表 14-1　查询次数

存储位置	0	1	2	3	4	5	6	7
元素	20	1	8	10			6	13
查询次数	3	1	2	1			1	2

所以查找成功的平均查找次数为（3+1+2+1+1+2）/6=5/3=1.667。

代码实现

1.Java 语言实现

采用 Java 代码的实现过程如下：

（1）在 Eclipse 建立一个 Java 工程，具体如图 14-2 所示，工程名称为 hash001。

（2）在新建的工程里新建 3 个类 hash、HashNode 和 HashTable，具体如图 14-3 所示。

HashNode 是关于哈希表结点的类，其对应的代码如下：

```
public class HashNode {
public int data;              //存储关键字
   public int scount;         //访问每个关键字需要的次数
   HashNode()
   {
       this.data=-10000;      //如果没有存关键字，设置为-10000
```

```
        this.scount=0;             //如果没有存关键字，访问次数设置为 0
    }
}
```

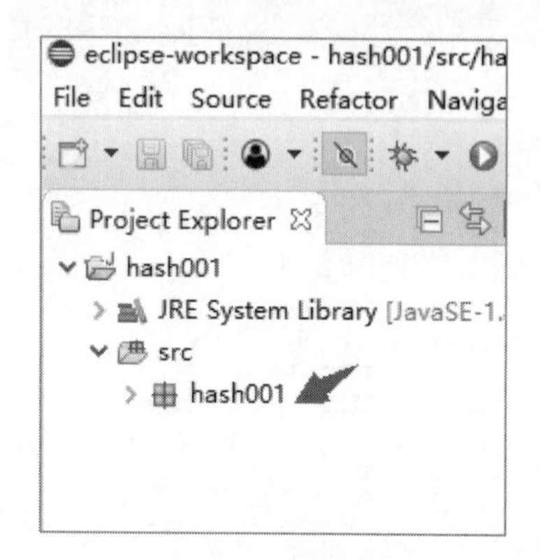

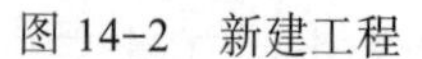
图 14-2　新建工程

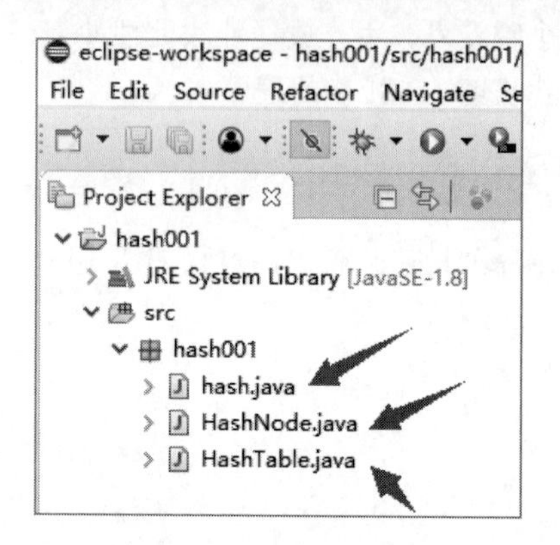

图 14-3　新建 3 个类文件

HashTable 是关于哈希表的类，其对应代码如下：

```
public class HashTable {
public int key[];               //关键字序列
public HashNode hash[];         //哈希表
HashTable()
{
    key=new int[6];             //初始化关键字
    key[0]=1;key[1]=8;key[2]=6;key[3]=10;key[4]=13;key[5]=20;
    hash=new HashNode[8];   //初始化哈希表
    for(int i=0;i<hash.length;i++)
        hash[i]=new HashNode();

    //构造哈希表，需要补充代码
}

void display()                  //显示哈希表中的每个元素，并求成功的平均查找长度
{
    //需要补充代码
}
```

hash 是 main（ ）函数的入口类，其对应的代码为：

```
public class hash {
    public static void main(String args[ ]) throws Exception
    {
        HashTable BB=new HashTable(); //构造哈希表
        BB.display();             //显示哈希表每个元素并求成功的平均查找长度
    }
}
```

程序运行结果如图 14-4 所示。

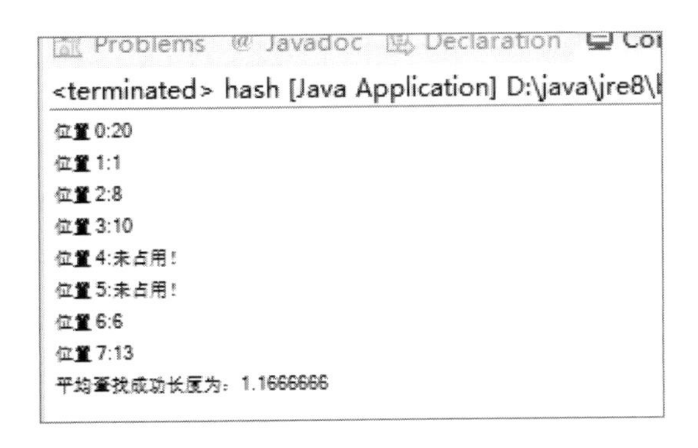

图 14-4　Java 程序运行结果

2.C++语言实现

采用 C++代码的实现过程如下：

（1）在 VS 2010(2015)建立一个空工程，如图 14-5 所示。

（2）在新建的工程中新建 HashNode.h、HashTable.h 和 hash.cpp 文件，如图 14-6 所示。

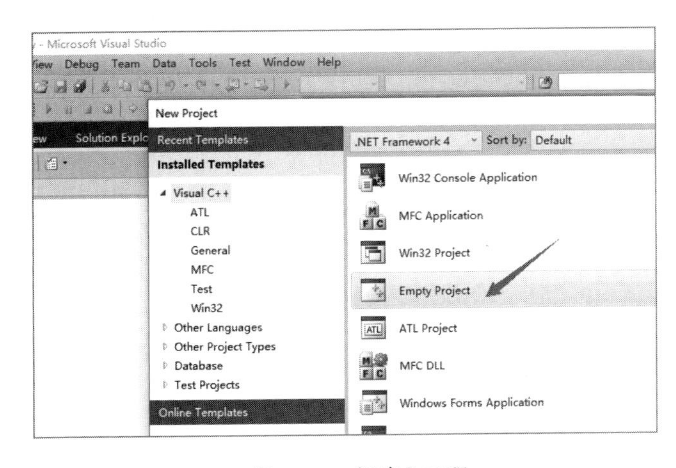

图 14-5　新建空工程

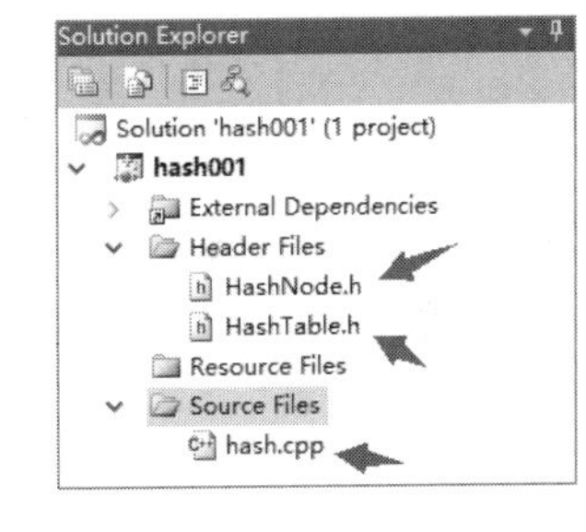

图 14-6　新建四个文件

（3）输入 HashNode.h、HashTable.h 和 hash.cpp 代码。

HashNode.h 是实现哈希表结点的文件，其对应的代码如下：

```
#include <iostream>
using namespace std;
class HashNode {
public:
    int data;                   //存放关键字
    int scount;                 //访问关键字的次数

    HashNode()
    {
     this->data=-10000;         //此位置未被占用，关键字设为-10000
     this->scount=0;            //此位置未被占用，访问关键字的次数设为 0
    }
};
```

HashTable.h 是实现哈希表的文件，其对应的代码如下：

```
#include "HashNode.h"
#define N 6                        //关键字序列长度
#define M 8                        //哈希表长度
class HashTable {
public:
 int key[N];
 HashNode hash[M];

 HashTable()
 {
    key[0]=1;key[1]=8;key[2]=6;key[3]=10;key[4]=13;key[5]=20; //初始化关键字序列
    for(int i=0;i<M;i++)
    {
        hash[i].data=-10000;
        hash[i].scount=0;
    }
     //生成哈希表，需要补充代码
 }
 void display();
 };

void  HashTable::display() //显示哈希表，并计算哈希表的成功平均查找长度
{
    //需要补充代码
}
```

hash.cpp 是主函数入口，其对应的代码如下：

```
#include "HashTable.h"
#include <process.h>

void main()
{
   HashTable *BB=new HashTable(); //生成哈希表
   BB->display();
   system("pause");
}
```

程序运行结果如图 14-7 所示。

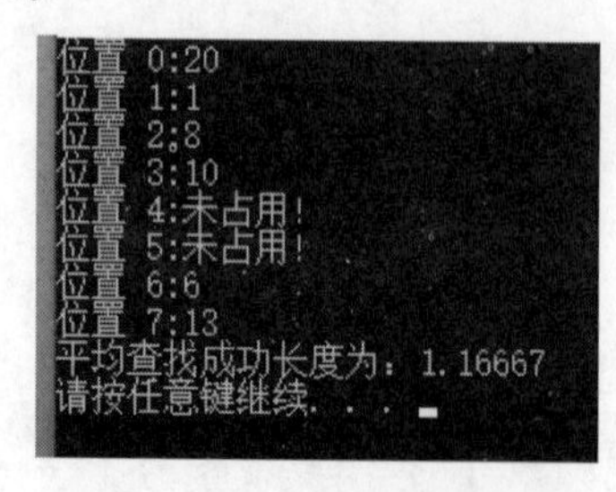

图 14-7　C++程序运行结果

3.C 语言实现

采用 C 代码的实现过程如下：

（1）在 VS 2010(2015)建立一个空工程，如图 14-8 所示。

（2）在新建的工程中新建 hash.cpp 文件，hash.cpp 是主函数入口，具体如图 14-9 所示。

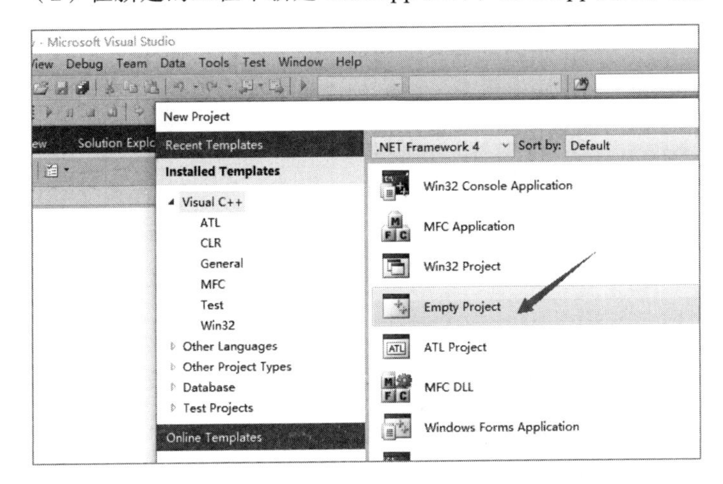

图 14-8　新建空工程

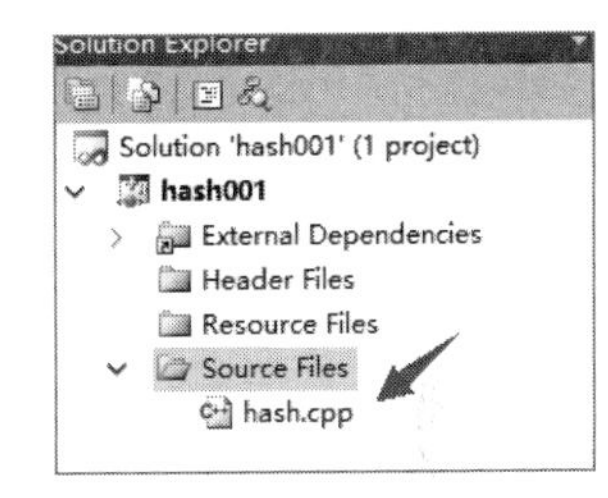

图 14-9　新建 hash.cpp 文件

（3）输入 hash.cpp 代码。

hash.cpp 对应的代码如下：

```
#include <stdio.h>
#include <stdlib.h>
#include <process.h>
#include<string>
#define N 6                         //关键字序列长度
#define M 8                         //哈希表长度

typedef  struct  HashNode           //定义哈希表结点
{
    int data;                       //存储关键字
    int scount;                     //存储每个关键字的查询次数
} RHashNode;

void createhash(int key[N],RHashNode hash[M])   //生成哈希表
{
    //生成哈希表，需要补充代码;
}

void display(RHashNode hash[M])  //显示哈希表，并计算成功的平均查找长度
{
    //生成哈希表，需要补充代码;
}

void main()
{
```

```
    int key[N];                        //定义和初始化关键字序列
    key[0]=1;key[1]=8;key[2]=6;key[3]=10;key[4]=13;key[5]=20;
    RHashNode hash[M];                 //定义和初始化哈希表
    for(int i=0;i<M;i++)
    {
        RHashNode *H;
        H=(struct  HashNode *)malloc(sizeof(struct HashNode));
        hash[i]=*H;
        hash[i].data=-10000;
        hash[i].scount=0;
    }
    createhash(key,hash);              //生成哈希表
    display(hash);                     //显示哈希表，并计算成功的平均查找长度
    system("pause");
}
```

程序运行结果如图 14-10 所示。

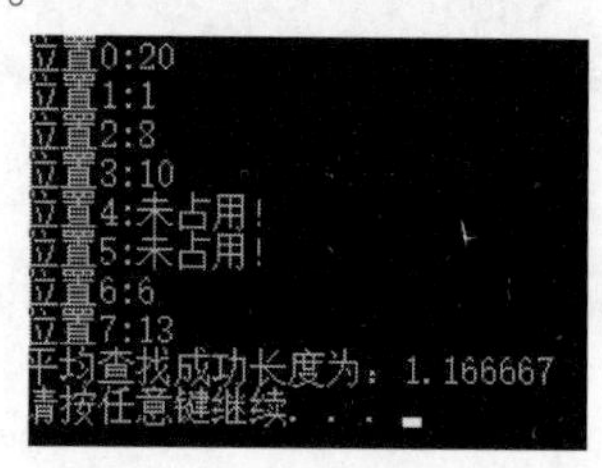

图 14-10　C 语言程序运行结果

思　考　题

请写出求本实验中查询失败的平均查找长度的算法。

提示：查询失败指需要查的值肯定不在哈希表中，对于本实验由于哈希函数是 key%7，所以必定有 7 种失败情况，查询失败的数可分成：除以 7 余 0，除以 7 余 1，一直到除以 7 余 6，这 7 种情况的查询失败计算如图 14-11 所示。

图 14-11　查询失败计算过程

实验 15 改进的冒泡排序

实验目的

（1）熟悉排序，掌握排序的基本概念。

（2）熟悉冒泡排序的原理。

（3）掌握冒泡排序的算法。

实验环境

硬件环境：通常的 PC、内存 4 GB 及以上，硬盘空闲空间 8 GB 及以上。

软件环境：Windows 系列操作系统、Eclipse（Editplus）、VS 2010 或者 VS 2015。

实验准备

1.排序的概念

排序是计算机内经常进行的一种操作，其目的是将一组“无序”的记录序列按照关键字大小调整为“有序”的记录序列，“有序”的形式分两种，如果按照关键字从小到大对记录进行排序，则称为升序；如果按照关键字从大到小对记录进行排序，则称为降序。

排序分内部排序和外部排序，若整个排序过程不需要访问外存便能完成，则称此类排序问题为内部排序。反之，若参加排序的记录数量很大，整个序列的排序过程不可能在内存中完成，则称此类排序问题为外部排序。内部排序的过程是一个逐步扩大记录的有序序列长度的过程。本实验不涉及大量数据，是内部排序。

2.冒泡排序

冒泡排序指重复访问需要排序的元素列，依次比较两个相邻的元素，假设进行升序排序，如果前面的元素 A 大于它后面相邻的元素 B，就要对它们进行交换；否则直接比较 A 元素之后的两个相邻元素。比较交换的工作重复地进行，直到元素序列已经排序完成为止。

冒泡排序每次通过比较交换确定序列的最大值（升序），待排序列长度每次减 1，直到序列有一个元素，此过程结束，因为只有一个元素的序列必定是有序的。

确定一个序列的最大值，称为 1 趟排序，有 n 个元素的冒泡排序需要 n-1 趟排序，最后只有 1 个元素的序列不用排序。

图 15-1 所示为对序列{5，1，2，3，4}进行升序的冒泡排序过程。

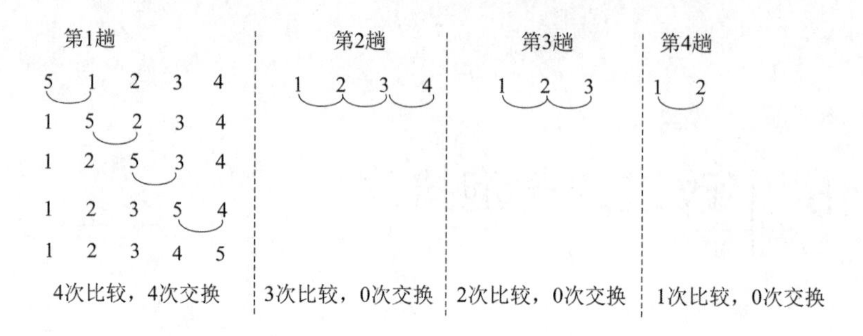

图 15-1 冒泡排序过程

实验要求

对 5 个数序列：5、1、2、3、4，对这 5 个数进行冒泡升序排序，要求尽量减小排序中的比较或交换次数。

实验分析

对于图 15-1 中的 5 个数，其实在进行第 2 趟排序时，就已经满足了升序的条件，但此时程序并没有停止，而是继续进行 3、4 趟排序。在排序过程中，如何判定已经有序了呢？如果在一趟排序中，一次交换都没有发生，则可以断定这个序列是有序的，就不用再执行其他趟的排序，如图 15-2 所示。

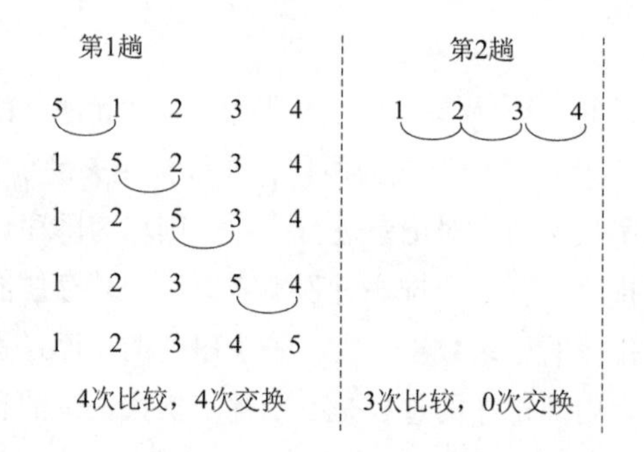

图 15-2 冒泡排序结束条件

第二趟排序中，一次交换都没有发生，则可以断定这个序列是有序的，结束程序执行。

代码实现

1.Java 语言实现

采用 Java 代码的实现过程如下：

（1）在 Eclipse 建立一个 Java 工程，具体如图 15-3 所示，工程名称为 sort001。

（2）在新建的工程里新建 2 个类 Csort 和 sort，具体如图 15-4 所示。

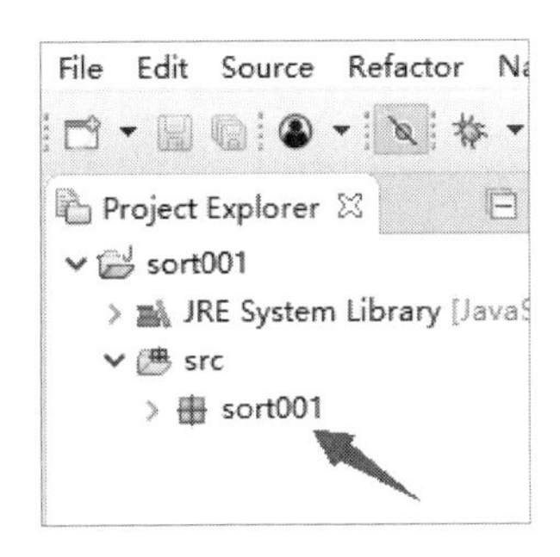

图 15-3　新建工程

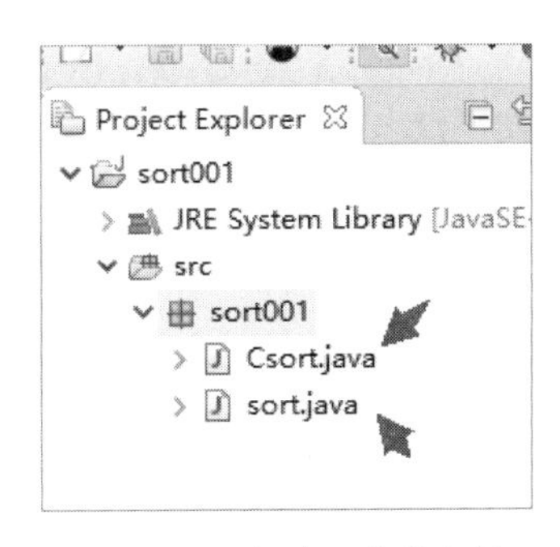

图 15-4　新建 2 个类文件

Csort 是关于冒泡排序的类，其对应的代码如下：

```
public class Csort {
public int a[];                                   //定义排序的序列
Csort()
{
    a=new int[5];                                 //生成排序的序列
}

void bubble()                                     //没有改进的冒泡排序
{
  a[0]=5; a[1]=1;a[2]=2;a[3]=3;a[4]=4;   //排序序列
  int cs=0;                                       //比较次数的计数
  int ss=0;                                       //交换次数的计数
  for(int i=0;i<4;i++)                            //外循环控制比较趟数
  {
     for(int j=0;j<4-i;j++)                       //内循环控制比较和交换
     {
       cs++;                                      //比较次数加 1;
       if(a[j]>a[j+1])                            //交换
       {
          int temp;
          temp=a[j];
          a[j]=a[j+1];
          a[j+1]=temp;
          ss++;                                   //交换次数加 1
       }
     }
  }
   System.out.println("比较次数: "+cs);   //输出比较次数
   System.out.println("交换次数: "+ss);   //输出交换次数
   System.out.print("排序结果 :  ");     //输出排序结果
   for(int i=0;i<5;i++)
   System.out.print("  "+a[i]);
   System.out.println();
}

void upbubble()                                   //改进的冒泡排序
{
```

```
        a[0]=5; a[1]=1;a[2]=2;a[3]=3;a[4]=4;
        int cs=0;
        int ss=0;
        //需要补充代码
    }
    }
```

Sort 类是 main ( ) 函数入口，其对应的代码为：

```
public class sort {
public static void main(String args[ ]) throws Exception
{
   Csort BB=new Csort();                        //生成冒泡对象
   BB.bubble();                                 //执行传统的冒泡排序
   BB.upbubble();                               //执行改进的冒泡排序
}
}
```

程序运行结果如图 15-5 所示。

冒泡算法改进后，比较次数由 10 下降为 7，明显得到了改善。

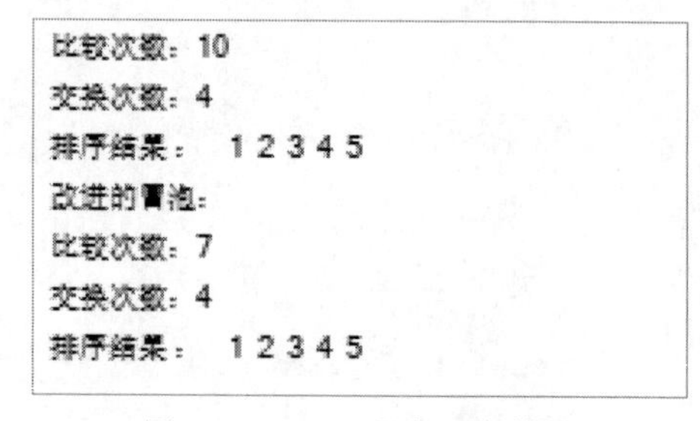

图 15-5　Java 程序运行结果

2.C++语言实现

采用 C++代码的实现过程如下：

（1）在 VS 2010（2015）建立一个空工程，如图 15-6 所示。

（2）在新建的工程中新建 Csort.h 和 main.cpp 文件，如图 15-7 所示。

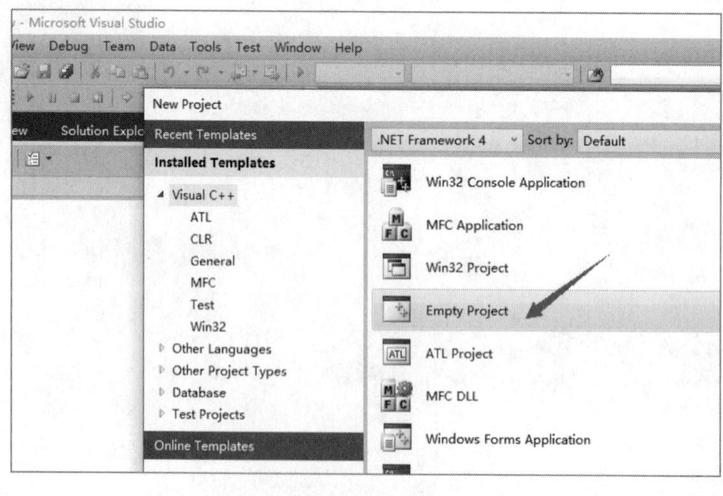

图 15-6　新建空工程

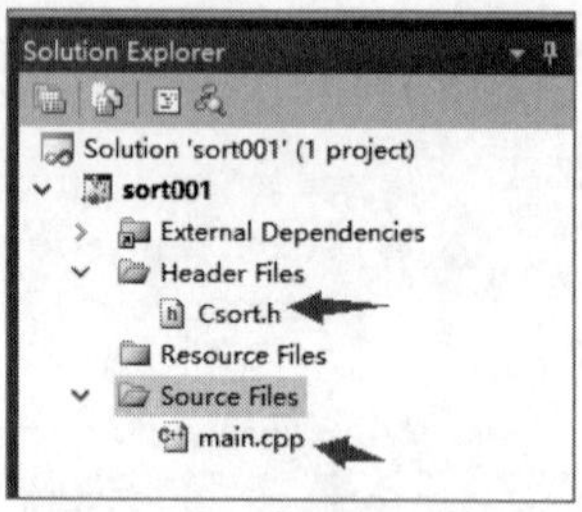

图 15-7　新建两个文件

（3）输入 Csort.h 和 main.cpp 代码。

Csort.h 是实现排序的文件，其对应的代码如下：

```
#include<iostream>
using namespace std;
class Csort                                         //排序类
{
public:
 int a[5];                                          //需要排序的序列
Csort()
{
}
public:
void bubble();                                      //未改进的排序算法
void upbubble();                                    //改进后的排序算法
};

void Csort::bubble()
{
    a[0]=5; a[1]=1;a[2]=2;a[3]=3;a[4]=4;           //排序序列初始化
    int cs=0;                                       //比较次数
    int ss=0;                                       //交换次数
    for(int i=0;i<4;i++)                            //外循环控制排序趟数
    {
        for(int j=0;j<4-i;j++)                      //内循环控制比较和交换
        {
            cs++;                                   //比较次数加 1
            if(a[j]>a[j+1])
            {
                int temp;
                temp=a[j];
                a[j]=a[j+1];
                a[j+1]=temp;
                ss++;                               //交换次数加 1
            }
        }
    }
    cout<<"比较次数: "<<cs<<endl;                    //输出
    cout<<"交换次数: "<<ss<<endl;
    cout<<"排序结果 :   ";
    for(int i=0;i<5;i++)
    cout<<" "<<a[i];
    cout<<endl;
}

void Csort::upbubble()
{
    a[0]=5; a[1]=1;a[2]=2;a[3]=3;a[4]=4;
    int cs=0;
    int ss=0;
    //需要补充代码
}
```

main.cpp 是主函数入口，其对应的代码如下：

```
#include <process.h>
#include "Csort.h"
void main()
{
   Csort *BB;                              //定义排序对象
   BB=new Csort();                         //新建排序对象
   BB->bubble();                           //传统冒泡算法排序
   BB->upbubble();                         //改进的冒泡算法排序
   system("pause");
}
```

程序运行结果如图 15-8 所示。

冒泡算法改进后，比较次数由 10 下降为 7，明显得到了改善。

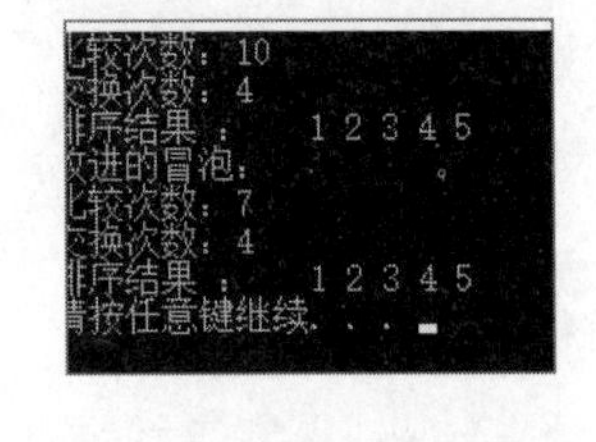

图 15-8 C++程序运行结果

3.C 语言实现

采用 C 代码的实现过程如下：

（1）在 VS 2010（2015）建立一个空工程，如图 15-9 所示。

（2）在新建的工程中新建 main.cpp 文件，main.cpp 是主函数入口，具体如图 15-10 所示。

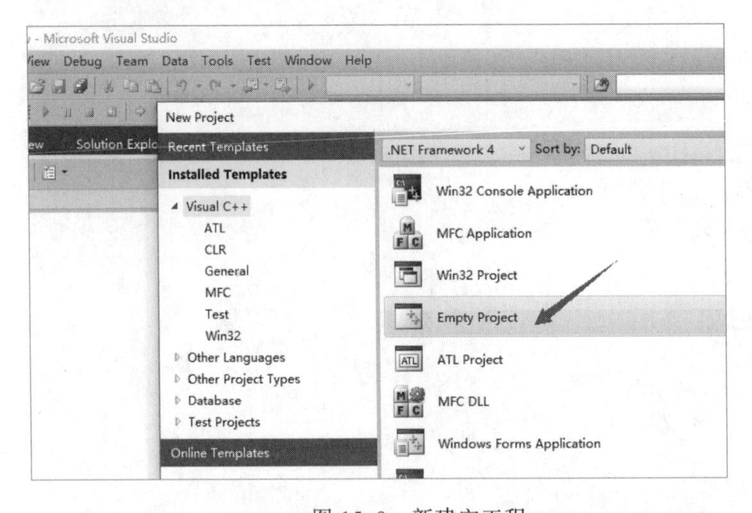

图 15-9 新建空工程

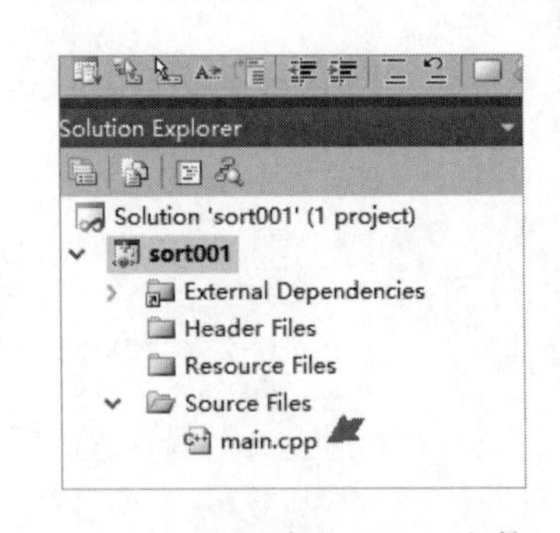

图 15-10 新建 main.cpp 文件

（3）输入 main.cpp 代码。

main.cpp 对应的代码如下：

```
#include <stdio.h>
#include <stdlib.h>
#include <process.h>
#include<string>
void bubble()                              //未改进的冒泡算法
{
   int a[5];
```

```
    a[0]=5; a[1]=1;a[2]=2;a[3]=3;a[4]=4;    //排序序列初始化
    int cs=0;                               //比较次数
    int ss=0;                               //交换次数
    for(int i=0;i<4;i++)                    //外循环控制排序趟数
     {
       for(int j=0;j<4-i;j++)               //内循环控制比较和交换次数
       {
          cs++;                             // 比较次数加 1
          if(a[j]>a[j+1])
          {
              int temp;
              temp=a[j];
              a[j]=a[j+1];
              a[j+1]=temp;
              ss++;                         //交换次数加 1
          }
       }
     }

     printf("比较次数: %d\n",cs);           //输出结果
     printf("交换次数: %d\n",ss);
     printf("排序结果 :   ");
     for(int i=0;i<5;i++)
         printf("%2d",a[i]);
         printf("\n");
}

void  upbubble()                            //经过改进的冒泡算法
{
    int a[5];
    a[0]=5; a[1]=1;a[2]=2;a[3]=3;a[4]=4;
    int cs=0;
    int ss=0;
    //需要补充代码
}

void main()
{
    bubble();
    upbubble();
    system("pause");
}
```

程序运行结果如图 15-11 所示。

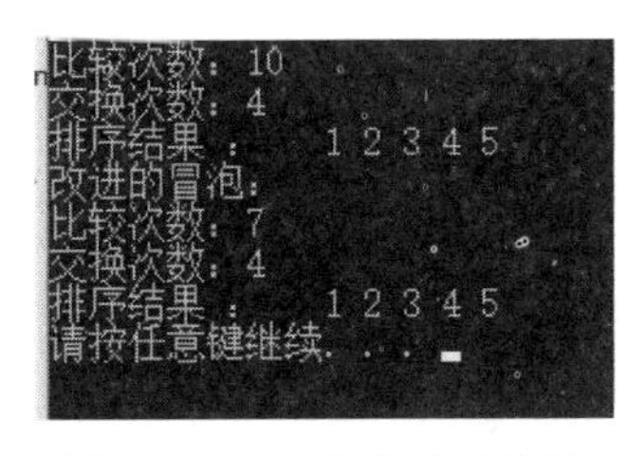

图 15-11 C 程序运行结果

冒泡算法改进后，比较次数由 10 下降为 7，明显得到了改善。

思 考 题

请写出一个带头结点的单链表的冒泡排序算法，链表的数据域为整数，经过排序后单链表的结点按照数据域的大小升序排列，具体如图 15-12 所示。

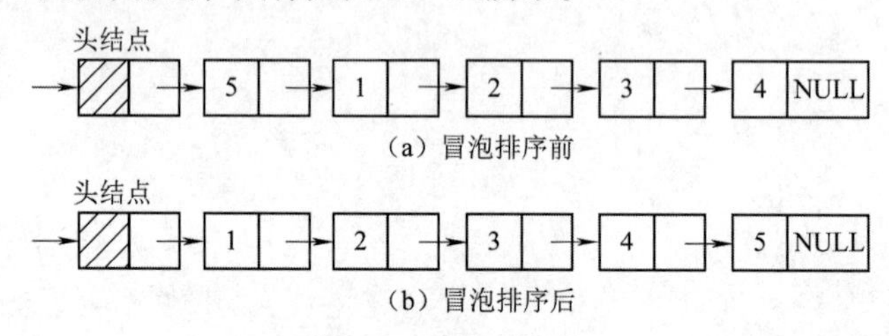

图 15-12 链表冒泡排序

提示：先求得链表的长度 n（不含头结点），第 1 趟排序对长度为 n 的链表进行相邻结点的数据域的值进行比较和交换，第 2 趟排序对长度为 $n-1$ 的链表进行相邻结点的数据域的值进行比较和交换，依次进行直到第 n-1 趟排序，此时对长度为 2 的链表进行相邻结点的数据域的值进行比较和交换。

实验 16　关键值为序列平均值的快速排序

实验目的

（1）熟悉快速排序，掌握快速排序的基本概念。

（2）掌握快速排序的算法。

实验环境

硬件环境：通常的 PC、内存 4 GB 及以上，硬盘空闲空间 8 GB 及以上。

软件环境：Windows 系列操作系统、Eclipse（Editplus）、VS 2010 或者 VS 2015。

实验准备

快速排序的基本思想：通过一个关键值（pivot）将要排序的数据分割成独立的两部分，其中一部分的所有数据比另外一部分的所有数据都要小，然后再按此方法对这两部分数据分别选择 pivot,再分别进行快速排序，按照此方法反复进行，直到划分的序列只含有一个元素为止（一个元素肯定是有序的），最后整个数据序列变成有序序列。

实验要求

对 5 个数序列：5、1、2、3、4 进行快速排序，选择这 5 个数的平均值作为 pivot。

实验分析

快速排序实验首先需要求得序列的平均值作为 pivot；其次用 pivot 对待排序的序列进行排序，将序列划分成两个子序列；再对子序列反复应用快速排序，直到整个序列有序为止。

用 pivot 划分序列的伪代码如下：

设置两个整数，low 代表序列 a[n]第一个元素的位置，high 代表最后一个元素的位置。

```
while(low<high)
{
    while(low<high && a[high]>=pivot)
          high--;
    if(low<high)
        a[high]和 a[low]进行交换;
```

```
    while(low<high && a[low]<=pivot)
          low++;
    if(low<high)
         a[high]和 a[low]进行交换;
  }
  return(low)        //low 最后等于 high,表示划分的位置
```

将序列划分后，再对两个子序列递归进行快速排序。

需要注意的是：划分子序列位置所对应的元素大小和划分的两个子序列所包含的元素是具体相关的。待排序的序列在经过一次划分后的序列为{a[0], a[1], a[2], …, a[k-1], a[k], a[k+1] , …, a[n-2], a[n-1]}，而划分函数的返回值是 k，如果 a[k]=pivot，则划分的两个子序列是{a[0], a[1], a[2] , …, a[k-1]}和{ a[k+1] , …, a[n-2], a[n-1]}，此时 a[k]的位置已经确定，不用再参加排序；如果 a[k]<pivot, 则划分的两个子序列是{a[0], a[1], a[2] , …, a[k]}和{ a[k+1] , …, a[n-2], a[n-1]}；如果 a[k]>pivot，则划分的两个子序列是{a[0], a[1], a[2] , …, a[k-1]}和{a[k] , …, a[n-2], a[n-1]}。

假设需要排序的序列为 a[n]：5、1、2、3、4，进行快速排序的函数为 avesort(a，0，4)，a 指序列名称，0 指序列首位置，4 指序列末位置，则此函数的执行过程是先执行划分，划分的关键值为序列的平均值，具体如图 16-1 所示。

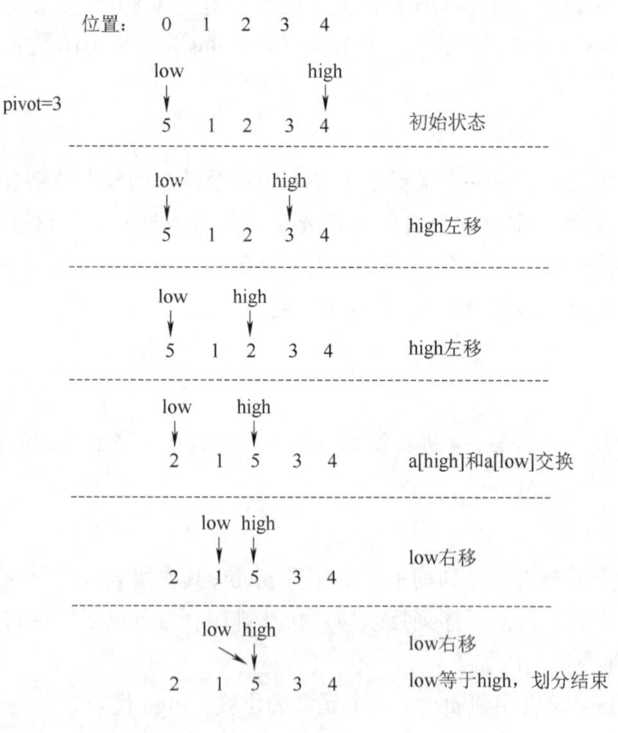

图 16-1 一次划分过程

一次划分后返回的位置为 2，此时 a[2]=5>pivot=3,则序列被划分成两个子序列｛2，1｝和｛5，3，4｝，对子序列｛2，1｝进行快速排序的过程如图 16-2 所示。

对子序列｛5，3，4｝进行快速排序的过程如图 16-3 所示。

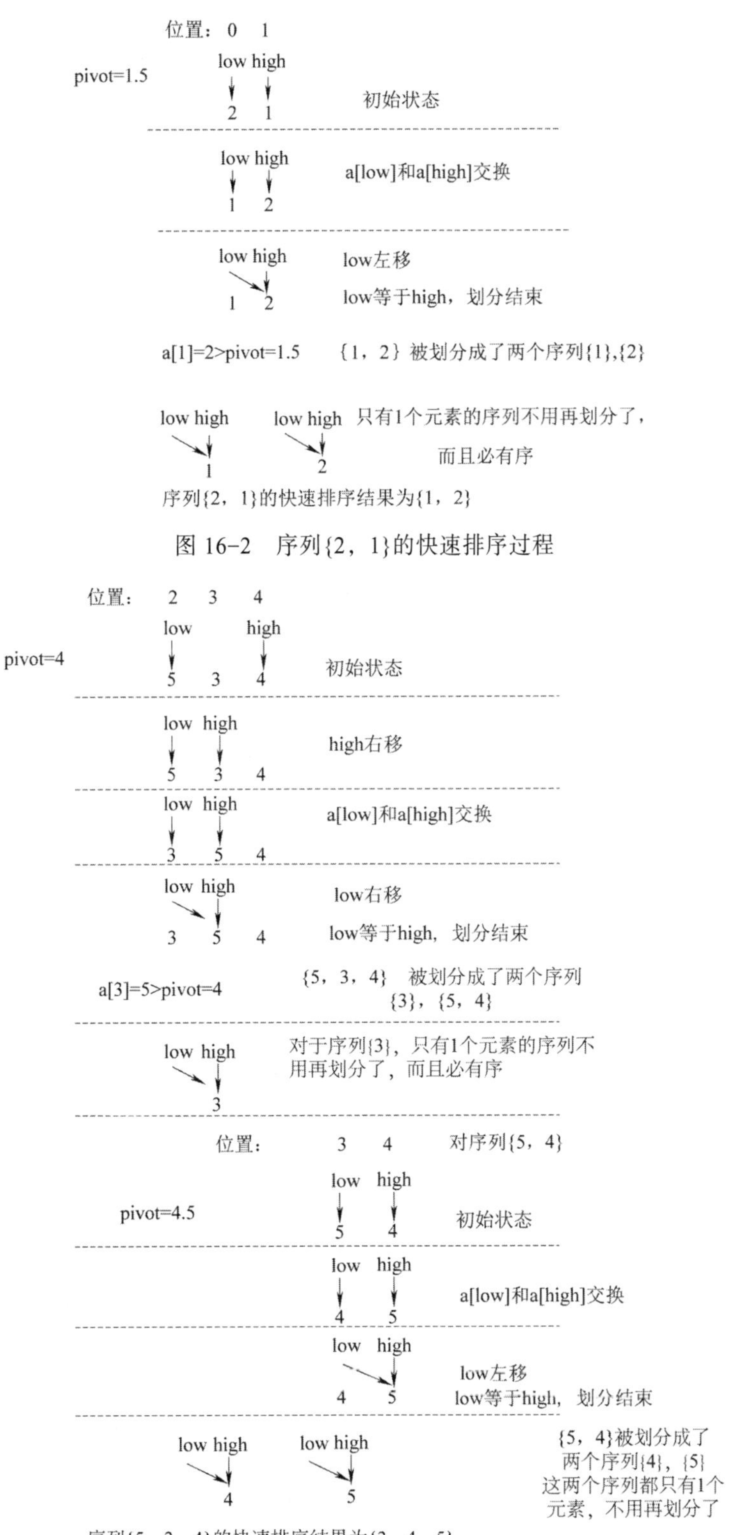

图 16-2　序列{2，1}的快速排序过程

图 16-3　序列{5，3、4}的快速排序过程

两个子序列快速排序完毕后，整个序列的快速排序也就完成了。函数 avesort(a, 0, 4)的递归执行过程如图 16-4 所示。

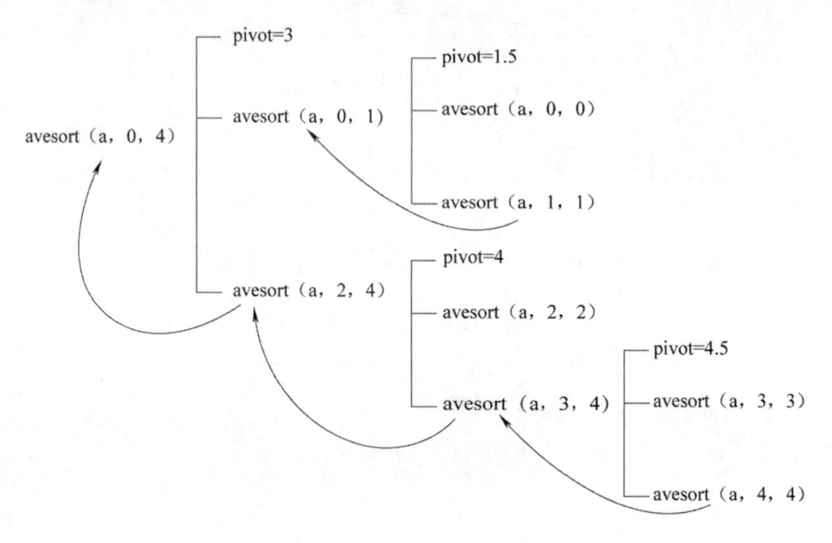

图 16-4 递归执行过程

1. Java 语言实现

采用 Java 代码的实现过程如下：

（1）在 Eclipse 建立一个 Java 工程，具体如图 16-5 所示，工程名称为 sort002。

（2）在新建的工程里新建 2 个类 Cqsort 和 sort，如图 16-6 所示。

图 16-5 新建工程

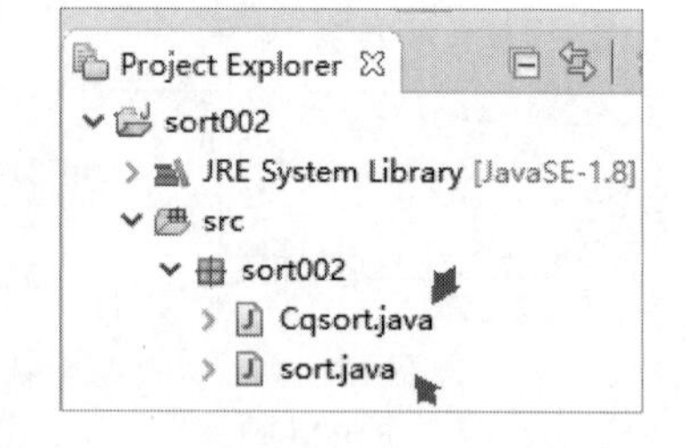

图 16-6 新建 2 个类文件

Cqsort 是关于快速排序的类，其对应的代码如下：

```
public class Cqsort {
public float a[];                          //待排序序列
public int flag;                           //划分的子序列和 pivot 值对应
Cqsort()
{
    a=new float[5];                        //生成和初始化序列
    a[0]=5;a[1]=1;a[2]=2;a[3]=3;a[4]=4;
}
```

```
public float ave(int low,int high) //求序列平均值
{
    float s=0;
     for(int i=low;i<=high;i++)
         s=s+a[i];
     return(s/(high-low+1));
}

public int avepartition(int low,int high) //划分序列，返回划分点
{
   //枢纽值为序列平均值
   float pivot;
   pivot=ave(low,high);
   System.out.println("枢纽值:"+pivot);
   //一趟划分
   while(low<high)
   {
      //如果a[high]大于等于pivot，high就一直往后移动
      while((low<high)&&(a[high]>=pivot))
          high--;
      //对应a[high]<pivot，交换a[high]和a[low]
      if(low<high)
      {
         float temp;
         temp=a[low];
         a[low]=a[high];
         a[high]=temp;
      }
       //如果a[low]小于等于pivot，low就一直向前移动
      while((low<high)&&(a[low]<=pivot))
         low++;

       //对应a[low]>pivot，交换a[high]和a[low]
      if(low<high)
      {
         float temp;
         temp=a[low];
         a[low]=a[high];
         a[high]=temp;
      }
   }
   if(a[low]>pivot)                    //位置对应元素和pivot的关系
      flag=0;
   else
      if (a[low]<pivot)
          flag=1;
      else
          flag=2;
```

```
    return(low);
  }

  void aveqsort(int low,int high) //快速排序
  {
   //需要补充代码
  }

  void display()                      //显示结果
  {
    System.out.println("排序结果: ");
    for(int i=0;i<a.length;i++)
        System.out.print(a[i]+"  ");
       System.out.println();
  }
}
```

sort 类是 main（）函数入口，其对应的代码如下：

```
public class sort {
public static void main(String args[ ])
{
    Cqsort AAA=new Cqsort();      //生成快速排序类
    AAA.aveqsort(0, 4);           //进行快速排序
    AAA.display();                //显示排序结果
}
}
```

程序运行结果如图 16-7 所示。

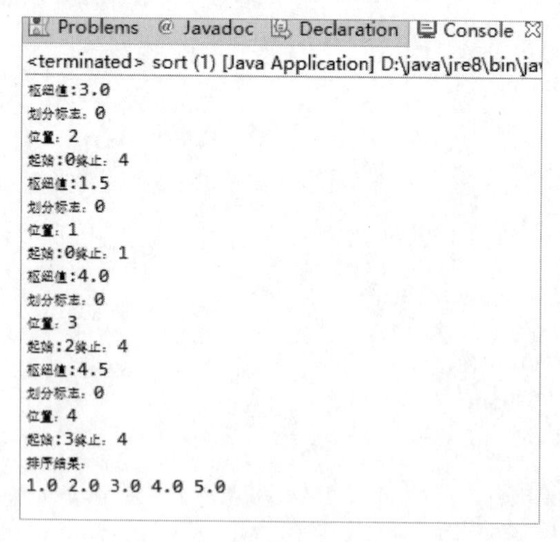

图 16-7　Java 程序运行结果

结果显示了每个递归步骤的 pivot、flag、low 和 high 值，以及最后的排序结果。

2. C++语言实现

采用 C++代码的实现过程如下：

（1）在 VS 2010（2015）建立一个空工程，如图 16-8 所示。

（2）在新建的工程中新建 Csort.h 和 main.cpp 文件，如图 16-9 所示。

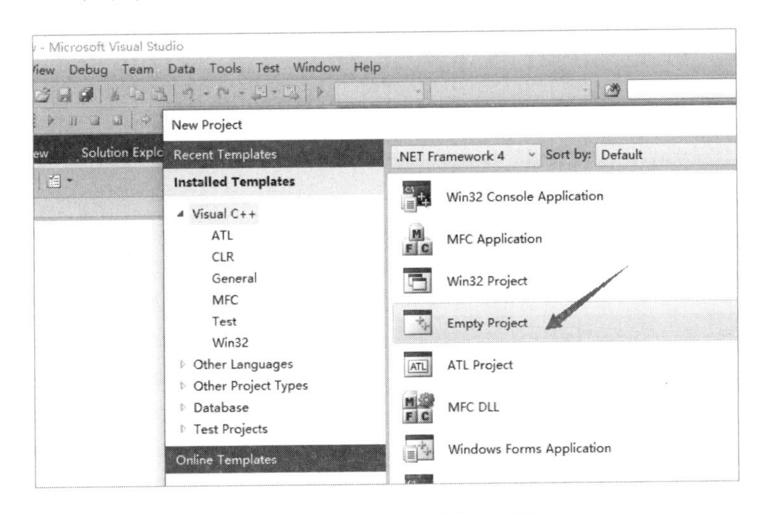

图 16-8　新建空工程

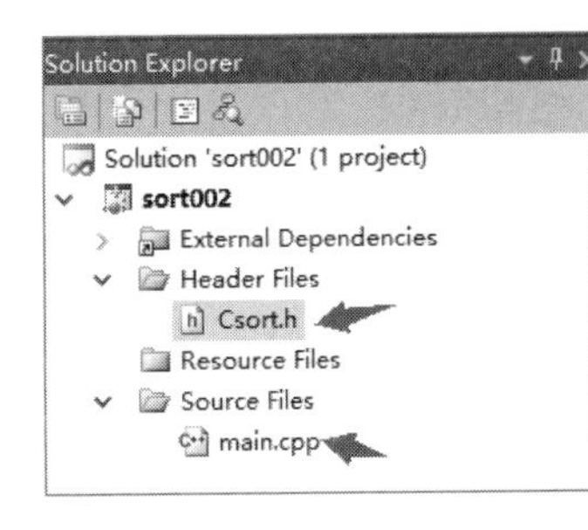

图 16-9　新建 2 个文件

（3）输入 Csort.h 和 main.cpp 代码。

Csort.h 是实现快速排序的文件，其对应的代码如下：

```
#include<iostream>
using namespace std;
class Cqsort {
public:
 float a[5];                                    //需要排序的序列
 int flag;                                      //控制划分序列范围的标志
 Cqsort()
 {
     a[0]=5;a[1]=1;a[2]=2;a[3]=3;a[4]=4;        //序列初始化
 }

 public:
 float ave(int low,int high);                   //求序列平均值
 int avepartition(int low,int high);            //用平均值划分序列
 void aveqsort(int low,int high);               //快速排序
 void display();                                //显示序列
 };

 float Cqsort::ave(int low,int high)
 {
    float s=0;
    for(int i=low;i<=high;i++)
    s=s+a[i];
    return(s/(high-low+1));
  }
```

```
int  Cqsort::avepartition(int low,int high)
{
   //枢纽值为第一个元素
   float pivot;
   pivot=ave(low,high);
   cout<<"枢纽值:"<<pivot<<endl;

   //一趟划分
   while(low<high)
   {
      //如果 a[high]大于等于 pivot，high 就一直往后移动
      while((low<high)&&(a[high]>=pivot))
          high--;
      //对应 a[high]<pivot，交换 a[high]和 a[low]
      if(low<high)
      {
         float temp;
         temp=a[low];
         a[low]=a[high];
         a[high]=temp;
      }

      //如果 a[low]小于等于 pivot，low 就一直向前移动
      while((low<high)&&(a[low]<=pivot))
         low++;

      //对应 a[low]>pivot，交换 a[high]和 a[low]
      if(low<high)
      {
         float temp;
         temp=a[low];
         a[low]=a[high];
         a[high]=temp;
      }
   }

   if(a[low]>pivot)                    //flag 不同，划分的序列不一样
      flag=0;
   else
      if (a[low]<pivot)
          flag=1;
      else
          flag=2;

   return(low);
}

void  Cqsort::aveqsort(int low,int high)
{
```

```
    //需要补充代码
}

void  Cqsort::display()
{
    cout<<"排序结果: "<<endl;
    for(int  i=0;i<5;i++)
      cout<<a[i]<<" ";
      cout<<endl;
}
```

main.cpp 是主函数入口，其对应的代码如下：

```
#include <process.h>
#include "Csort.h"
void main()
{
   Cqsort *BB;                              //定义快速排序对象
   BB=new Cqsort();                         //生成快速排序对象
   BB->aveqsort(0,4);                       //进行快速排序
   BB->display();                           //显示结果
   system("pause");
}
```

程序运行结果如图 16-10 所示。

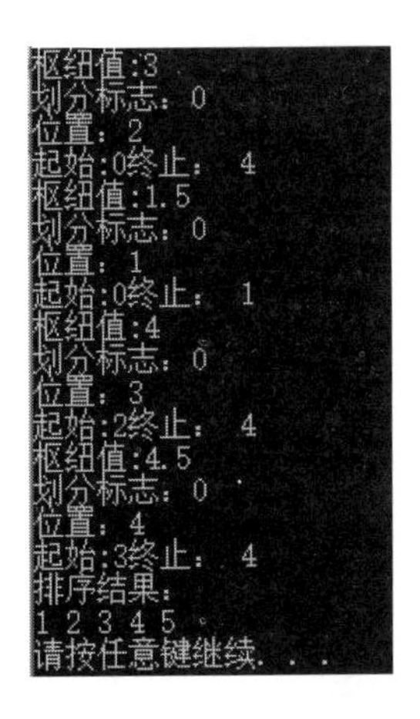

图 16-10　C++程序运行结果

结果显示了每个递归步骤的 pivot、flag、low 和 high 值，以及最后的排序结果。

3. C 语言实现

采用 C 代码的实现过程如下：

（1）在 VS 2010（2015）建立一个空工程，如图 16-11 所示。

（2）在新建的工程中新建 main.cpp 文件，main.cpp 是主函数入口，具体如图 16-12 所示。

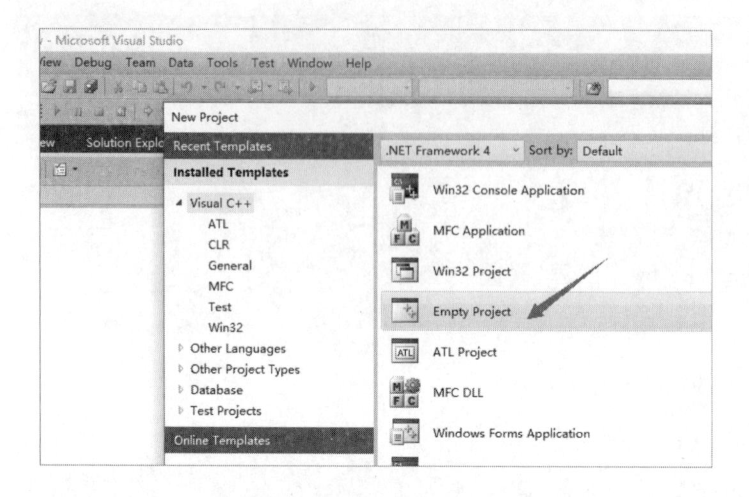

图 16-11 新建空工程

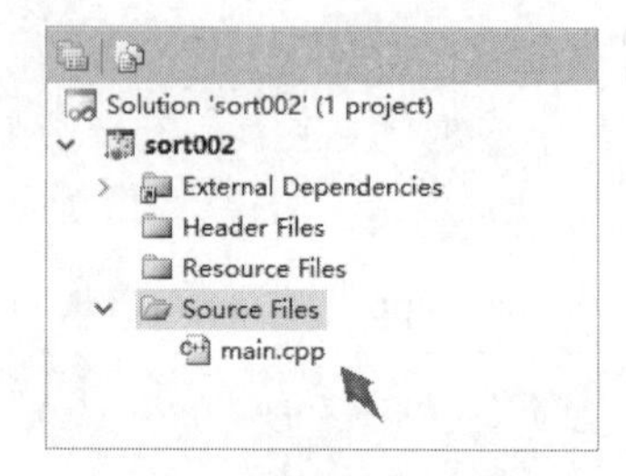

图 16-12 新建 main.cpp 文件

（3）输入 main.cpp 代码。

main.cpp 对应的代码如下：

```
#include <stdio.h>
#include <stdlib.h>
#include <process.h>
float ave(float a[],int low,int high)                          //求序列平均值
{
    float s=0;
    for(int i=low;i<=high;i++)
          s=s+a[i];

    return(s/(high-low+1));
}

int avepartition(float a[],int low,int high,int &flag) //划分序列
{
   //枢纽值为平均值;
   float pivot;
   pivot=ave(a,low,high);
   printf("枢纽值:%f\n",pivot);

   //一趟划分
   while(low<high)
   {
  //如果 a[high]大于等于 pivot，high 就一直往后移动
  while((low<high)&&(a[high]>=pivot))
      high--;

  //对应 a[high]<pivot，交换 a[high]和 a[low]
  if(low<high)
  {
```

```
        float temp;
        temp=a[low];
        a[low]=a[high];
        a[high]=temp;
    }

    //如果 a[low]小于等于 pivot，low 就一直向前移动
    while((low<high)&&(a[low]<=pivot))
        low++;

    //对应 a[low]>pivot，交换 a[high]和 a[low]
    if(low<high)
    {
        float temp;
        temp=a[low];
        a[low]=a[high];
        a[high]=temp;
    }
    }

    if(a[low]>pivot)  //flag 为划分序列的标志
      flag=0;
    else
       if (a[low]<pivot)
          flag=1;
       else
             flag=2;

    return(low);
}

void aveqsort(float a[],int low,int high)
{
 //需补充代码
}

void main()
{
   float a[5]={5,1,2,3,4};                        //待排序序列
   aveqsort(a,0,4);                               //进行快速排序
   printf("快速排序结果是: \n");
   for(int i-0;i<=4;i++)                          //显示结果
        printf("%f ",a[i]);
        printf("\n");
        system("pause");
}
```

程序运行结果如图 16-13 所示。

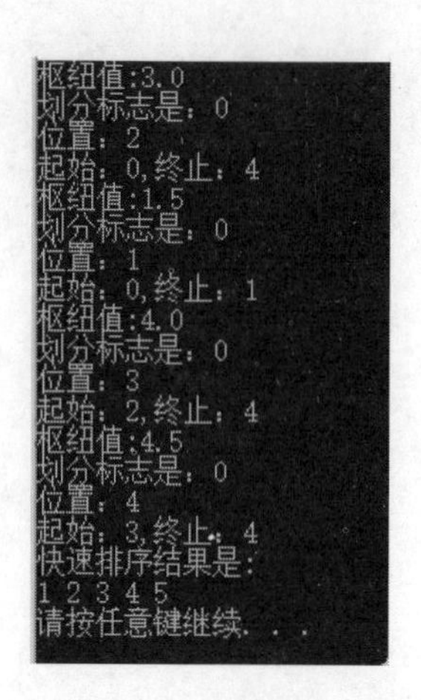

图 16-13　C 程序运行结果

结果显示了每个递归步骤的 pivot、flag、low 和 high 值，以及最后的排序结果。

思 考 题

请写出用序列最后一个元素充当 pivot(关键值)的快速排序。

提示：用序列最后一个元素 a[high]充当 pivot 值，用 pivot 把序列分成两个子序列（一个子序列比 pivot 大，一个子序列比 pivot 小），然后再对这个子序列进行递归的快速排序，直到整个序列有序为止。